推进碳中和减缓气候变化

刘玉燕　著

吉林科学技术出版社

图书在版编目(CIP)数据

推进碳中和减缓气候变化／刘玉燕著 . －－ 长春：
吉林科学技术出版社，2023.10
ISBN 978-7-5744-0969-9

Ⅰ. ①推… Ⅱ. ①刘… Ⅲ. ①二氧化碳－排污交易－
研究－中国 Ⅳ. ①X511

中国国家版本馆 CIP 数据核字(2023)第 201699 号

推进碳中和减缓气候变化

著	刘玉燕	
出 版 人	宛　霞	
责任编辑	刘　畅	
封面设计	幻城文化	
制　版	济南越凡印务有限公司	
幅面尺寸	170 mm × 240 mm	
开　本	16	
字　数	272 千字	
印　张	15.5	
印　数	1–1500 册	
版　次	2023 年 10 月第 1 版	
印　次	2024 年 2 月第 1 次印刷	

出　版　吉林科学技术出版社
发　行　吉林科学技术出版社
地　址　长春市福祉大路5788号
邮　编　130118
发行部电话/传真　0431-81629529 81629530 81629531
　　　　　　　　　81629532 81629533 81629534
储运部电话　0431-86059116
编辑部电话　0431-81629518
印　刷　三河市嵩川印刷有限公司

书　号　ISBN 978-7-5744-0969-9
定　价　95.00元

内容简介

　　本书旨在用社会公众能够理解的语言，系统解读碳达峰、碳中和目标的理论渊源、时代背景、实践基础、实现路径和治理行动。碳中和是应对气候变化过程中的一个核心问题与目标，既涉及如何更有效、更科学地进行温室气体的减排，也是一个部门或一个地区为实现和完成应对温室气体减排总目标和任务的关键阶段。本书从理论、方法和实践三个方面，不但深入浅出地阐明了与碳中和有关的理论，而且在此基础上，全面地阐述了为实现目标而应采取的新方法和新技术。这可为实现碳中和目标带来最有效的成果，最终可为产业升级和能源低碳转型带来新的前景。全书的编写内容全面、结构合理、逻辑性强、文字通俗易懂，可为有关部门应对气候变化，实现碳中和目标提供必要的指导和参考。

前　言

气候科学愈加明确,人类活动很可能是造成全球气候变暖的主要原因,也增加了极端高温、降水、干旱和热带气旋发生的可能性和严重性。气候变化问题不仅危及自然生态系统的结构和功能,也影响着经济社会的正常运转,给国际和平与安全造成了威胁。为了减缓和适应气候变化问题,国际温控目标从不超过工业化前水平2℃过渡至1.5℃,要求全球在2050年左右实现碳中和。近期,政府间气候变化专门委员会(Intergovernmental Panel on Climate Change,IPCC)警告称,除非全球在2050年前后实现温室气体净零排放,否则1.5℃的目标将落空。国际社会日渐重视提升气候变化行动力,中国也遵循《巴黎协定》的要求,宣示了更新的国家自主贡献目标,承诺采取更加有力的措施,二氧化碳排放力争于2030年前达到峰值,努力争取2060年前实现碳中和。

过去的50年里,极端天气气候事件发生的频率和强度都有所增强,给人类的生命财产安全带来了极大的危害。

2020年9月22日,习近平总书记在第七十五届联合国大会一般性辩论上首次提出了碳达峰、碳中和的目标。2021年中华人民共和国人民代表大会全体会议和中国人民政治协商会议全体会议上,碳达峰、碳中和被首次写入政府工作报告。

2021年3月15日,习近平总书记主持召开中央财经委员会第九次会议,研究了实现碳达峰、碳中和的基本思路、主要举措和工作重点,明确了碳达峰、碳中和工作的定位,为今后5年如何做好碳达峰工作指明了道路。

碳达峰是指某个地区或行业年度二氧化碳排放量达到历史最高值,然后经历平台期进入持续下降的过程,是二氧化碳排放量由增转降的历史拐点。这是中国对世界的庄严承诺。

碳中和是指某个地区在一定时间内人为活动直接和间接排放的二氧化碳,

与其通过植树造林等吸收的二氧化碳相互抵消,实现二氧化碳"净零排放"。

碳中和用来减少二氧化碳排放量的手段,一是碳封存,主要由土壤、森林和海洋等天然碳汇吸收储存空气中的二氧化碳;二是碳抵消,通过投资开发可再生能源和低碳清洁技术,减少一个行业的二氧化碳排放量来抵消另一个行业的排放量。

从目前来看,虽然人们正在开发各种洁净、环保的新能源,然而在短时间内仍然无法摆脱对化学燃料的依赖。想要发展经济,让更多的人过上好日子,必然需要使用足够的能源。所以,想要实现碳中和,一方面要"节能",大力提高能源利用效率,另一方面还必须努力"减排"。

基于以上的种种,笔者编写了本书,全书行文安排了九个章节,第一章是气候变化基本概况,讨论了气候变化成因及影响、气候变化主要应对路径以及全球碳中和目标与进展等内容;第二章为碳中和的科学基础,分析了全球碳收支与碳平衡、人类活动源与自然源的碳排放和自然系统碳汇及人工增汇措施等方面内容;第三章研究了中国碳排放的现状、趋势与驱动因素,主要内容有:中国碳排放的现状与趋势、区域及城市的碳排放、新冠对中国碳排放的影响和未来碳排放的预期;第四章论叙了科技赋能推进碳中和,分别从科技创新、绿色生活以及CCUS技术三个方面来研究如何推进碳中和;第五章是发展清洁能源推进碳中和,主要包括未来能源:开启第四次能源产业革命、实现路径:全球主流的清洁能源技术以及智慧能源:构建全球能源互联网战略等方面内容;第六章为发展低碳工业推进碳中和,研究了低碳工业:推动制造业绿色循环发展、战略抉择:我国工业的"双碳"路径和智能工业:驱动传统制造数字化转型等内容;第七章是发展绿色交通推进碳中和,主要内容有"双碳"交通:重塑城市交通新格局、绿色交通:构建可持续的出行新模式以及智驱未来:智能网联汽车时代的来临等方面内容;第八章讨论了节能建筑推进碳中和,主要涵盖了绿色建筑:"双碳"驱动建筑新概念、智能建筑:绿色建筑节能设备与技术两方面内容;第九章分析了发展新型农业推进碳中和,主要内容有绿色农业:农业供给侧改革的原动力、数字赋能:农产品电商重塑传统农业和平台经济:基于乡村振兴的县域电商等。

在编写过程中,我们既对前辈学者的研究成果有所参考和借鉴,也注重将自身的研究成果充实于其中。尽管如此,囿于编者学识眼界,本书瑕疵之处难以避免,切望同行专家及读者提出批评意见。

碳中和目标提出后,一批国企、民企包括能源、制造、科技和互联网等企业纷纷提出了各自的碳达峰及减碳综合方案,这给我们实现"双碳"目标以极大的信心。当然,我们也应该清楚地认识到实现"碳达峰、碳中和"目标的艰巨性,不可能一蹴而就,需要久久为功,在此与大家共勉。

目　录

第一章　气候变化基本概况

气候变化深刻影响着人类的生存和发展,是人类社会可持续发展的重大挑战。1992 年缔约的《联合国气候变化框架公约》将气候变化定义为:"经过相当长一段时间得到的观察结果,在自然气候变化之外,由人类活动直接或间接地改变全球大气组成所导致的气候改变"。该定义强调人为活动这一外部因素的重要作用,并将气候变化与自然气候变动这一内部进程区分开来。现有研究认为,导致气候变化的自然因素主要包含太阳辐射变动、地球轨道变动以及大气和海洋环流变动等自然过程。自工业革命以来,在人类活动特别是人类生产活动中,使用化石能源所产生的二氧化碳等温室气体的排放,是导致现今以全球变暖为主要特征的气候变化的重要驱动因素。

第一节　气候变化成因及影响

人类进入工业社会以来,经济发展与人口增长大幅推动了人为温室气体的排放,从而对全球气候产生了显著影响(IPCC,2014;IPCC,2018)。人类工业活动尤其是化石能源燃烧导致的碳排放(34×10^8 t CO_2 in 2020)被认为是温室气体排放的主要形式(Keeling et al.,1995;Keeling et al.,1996;Friedlingstein et al.,2020;IEA,2020)。以碳基能源(煤炭、石油、天然气等)为主的化石燃料在燃烧过程中能够释放占其成分 90%~98% 的碳,这些碳在大气中被完全氧化形成二氧化碳,构成了最主要的温室气体源(Lashof et al.,1990)。另外两种主要温室气体为氧化亚氮和甲烷。其中,氧化亚氮排放也主要来自化石能源燃烧。甲烷排放一部分来自化石燃料的燃烧,另一部分来自油气泄漏、废弃物、生物沼气,以及牲畜体内的发酵过程。其他温室气体如氟化物等,则主要来自工业化学生产过程。值得注意的是,能源消费相关的碳排放不仅成为主要的温室气体排放源,也彻底改变了全球碳循环这一最基本的地球化学循环格局(Levin et al.,2012)。除化石能源燃烧外,人类活动造成的土地利用变化每年产生约 10×10^8 t碳。在自然界碳循环体系中,陆地森林系统和海洋为最主要的碳汇(Sarmiento et al.,2010;Bernardellor et al.,2013),每年分别吸收 25×10^8 t碳和 23×10^8 t碳,剩余的 41×10^8 t碳以二氧化碳的形式存留于大气之中,陆地、海洋系统的回馈作用保持了地球碳收支平衡,而人类活动正逐渐打破这一平衡。

在千年来甚至更长的时间尺度上,大气中二氧化碳含量与全球气温变化呈现出严格的线性关联(Mann et al.,1998)(图1-1,图1-2)。现有观测数据表明,人为温室气体的大量排放促使全球平均表面温度(GMST)相对于1850—1900年基线(工业化前水平近似值)升高(1-2±0.1)℃(WMO,2020)。如果以当前速度继续上升,该数据有可能在2030—2052年达到1.5℃(IPCC,2018)。全球温度升高促使两极冰川加快退缩并使格陵兰岛冰盖表面加速融化,进而对全球水循环产生巨大影响,并且极有可能与已观测到的全球海洋上层(0~700m)热量增加以及全球海平面的上升直接关联(IPCC,2014)。如对这种趋势不加以遏制,以全球变暖为主要特征的气候变化可能会对全球自然生态、人类社会与经济系统产生难以逆转的深刻影响。

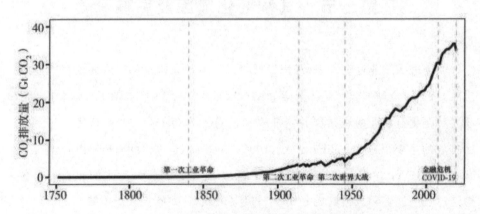

图1-1　全球1750—2018年二氧化碳 CO_2 排放量动态变化趋势(相对于1850—1900年)

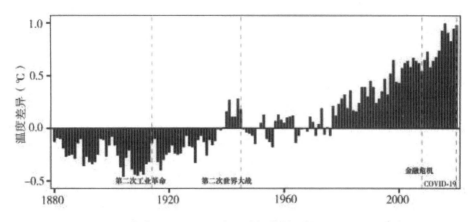

图 1−2 全球 1880 − 2020 年平均温差(相对于 1901−2000 年)

大量研究表明,气候变化可能给自然生态系统,尤其是物种多样性带来难以估量的风险与损失。历史数据反演、全球卫星及气象数据观测(Bond et al.,2004;Francey et al.,2013)、模型模拟(Defries et al.,1999;Defries et al.,2000)以及其他相关数据(Stocker et al.,1997;Caldeira et al.,2003;Chakravarty et al.,2009;Vichi et al.,2011)都证明气候风险会对全球生态系统、化学循环和能量平衡等产生深远影响。一方面,气候变化会增加干旱、洪水、飓风、森林火灾及其他极端气候事件的发生频率(Sheffield et al.,2012),全球变暖会加速极地冰盖及冰川的消融(Wigley et al.,1992),从而导致海平面上升与陆地面积减少(Oreskes,2004)。极端天气及海平面上升引发的生物栖息地丧失与荒漠化(Walther et al.,2002;Thomas et al.,2004)极有可能导致陆地植被与生物多样性丧失(Hughes et al.,2003;Dusenge et al.,2019)。另一方面,海洋吸收二氧化碳会导致海水 pH 值下降。自工业革命以来,人为温室气体的大量排放已导致海洋酸化现象的加剧以及海洋含氧量的断崖式下跌(Caldeira et al.,2003),这不可避免地抑制了海洋动、植物的生长与发育,并进一步增大了藻类和鱼类等海洋生物灭绝的风险。根据政府间气候变化专门委员会(IPCC)于 2018 年发布的《全球升温 1.5℃特别报告》可知,在该报告研究所覆盖的近 11 万个物种中,在全球升温 1.5℃情境下,由于半数生物栖息地将因气候因素而减少,因而预计将有 6%的昆虫、8%的植物和 4%的脊椎动物物种丧失或灭绝。而在全球升温 2℃情境下,预计将有 18%的昆虫、16%的植物和 8%的脊椎动物物种丧失或灭绝。生物多样性和生态系统服务政府间科学—政策平台(IPBES)在 2019 年发布的《关于生物多样性和生态系统服务的全球评估报告》中同样指出,过去一个世纪的物种丧失与灭绝速度相对于过去1000万年的平均速度增加了100倍。如果不采取相应措施,多达100万种陆地与海洋生物可能会由于人类活动而灭绝(Brondizioet et al.,2019)。

气候变化不仅成为全球自然生态系统的巨大挑战,还对人类社会与经济系统构成了潜在威胁(Watts et al.,2020)(图1—3)。研究表明,气候变化主要通过以下两个方面对人类社会产生影响。一方面,气候变化造成的自然灾害与极端天气事件(干旱、洪涝、热浪、飓风、低温冷害及沙尘暴等)使人类健康状况遭受直接与间接的不利影响(Patz et al.,2005)。例如,全球变暖致使热浪天气频发,极端高温天气大幅提高了人类弱势群体热应激相关疾病的发病率与死亡率(Kovats et al.,2008)。此外,暴雨与洪涝灾害增加了以印度与非洲撒哈拉以南为代表的缺少水与环境卫生设施的地区的疾病负担,经水传播的疾病(霍乱和血吸虫病等)的蔓延给全球公共卫生带来了巨大挑战(Haines et al.,2006;IPCC,2007)。另一方面,气候变化所导致的自然生态系统破坏和资源供应与分配困境可能引发人类社会国家安全与领土争端问题。例如,气候变化引起的海平面上升不仅对沿海农业、渔业及旅游业等经济产业造成冲击,还对岛屿国家、低洼沿海地区和三角洲地区的领土主权及海洋权益构成了严重威胁,国土面积的减少导致大量国民流离失所(Oppenheimer et al.,2019)。此外,极端天气事件会造成水、粮食及能源等重要资源出现短缺,进一步降低国家经济发展水平,还可能导致地缘政治冲突问题。例如,局部水资源短缺可能引发国家间的水资源争夺(Vörösmarty et al.,2000;Piao et al.,2010)。两极和喜马拉雅地区是受气候变化影响最为强烈的地区,部分国家可能因为局部水资源问题产生争端与冲突,从而对区域局势稳定产生不利影响(IPCC,2007;Bates et al.,2008)。

考虑到气候变化可能对自然生态、人类健康、粮食安全及经济系统等方面产生不利影响,如何摆脱化石能源依赖,寻找新一代低排放甚至零排放可再生能源成为关乎全球工业兴衰与国家领导力的重要问题(Stern et al.,2007)。在气候风险及其影响日益凸显的前提下,研究与分析不同地区气候变化的成因与其具体影响,并由此提出因地制宜的解决措施和相应政策是实现未来人类社会可持续发展工作的重中之重。

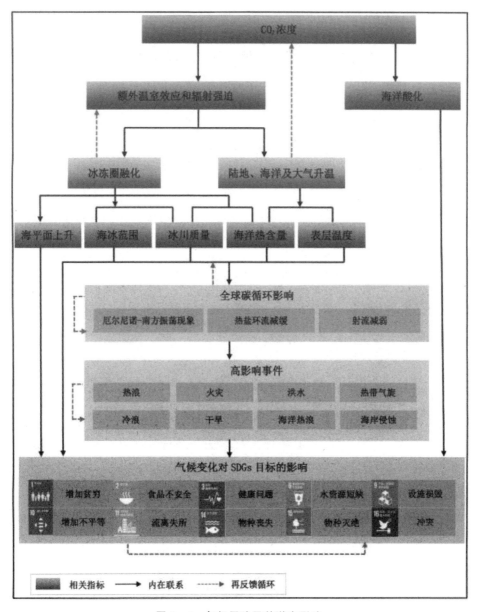

图1—3 气候风险及其潜在影响

第二节　气候变化主要应对路径

受人口增长和经济发展的影响,如果不积极应对气候变化风险并采取有效的管理战略以缓解气候变化风险,全球变暖以及海平面上升等气候相关问题极有可能对自然系统与人类社会造成广泛且不可逆的严重后果(IPCC,2014)。"减缓和适应"被认为是减轻与管理气候变化风险的缺一不可的路径。其中,"减缓"旨在遏制气候变化的持续恶化,主要通过节能减排以及增加碳汇等方式大幅减少温室气体排放。"适应"则是基于实际情况或者可预期的气候变化风险及其影响,采取相应的管理措施以减轻气候风险带来的潜在影响。在进行有关"减缓与适应"的气候决策时,有必要对气候变化的预期风险和效益进行合理评估。由于各类价值的计价与调整不尽相同,因此需要多种规范性学科分析方法共同参与政策评估活动。例如,伦理学有利于明确气候风险及其影响的内涵,政治哲学有助于厘清温室气体排放的责任问题,经济学则能够利用成本效益分析等定量方法对温室气体排放进行价值评估。在经济学领域,"低碳经济"被广泛认为是有效抵御与减轻气候风险及其影响的可持续发展路径。部分经济学家认为应当尽早加大减排措施投入,发展低碳经济以规避全球气候变化风险(Stern et al.,2007)。由于气候变化通常拥有复杂性与全球性的特点,一个引发全球热议的话题为"气候公平与公正"。大量研究表明,随着时间的推移,大部分温室气体会逐渐累积并扩散到全球范围内,任何个体与群体的人为排放均会广泛地作用于全球气候,因而温室气体的社会成本极有可能被不平等地分配给低消费或低排放群体(IPCC,2014)。综上,在气候决策过程中,应当严格遵循可持续发展战略和公平原则,借助各类规范性分析方法对气候风险及其效益进行科学评估,并由此提出有助于合理适应和有效减缓的具有抗御力的气候变化应对路径。

一、气候变化减缓路径

减缓全球气候暖化趋势迫在眉睫。据政府间气候变化专门委员会(IPCC)

于 2014 年发布的气候变化综合报告可知,如若不出台更多且更有效的减缓路径相关气候政策,在基准情景(BAU:BusinessAsUsual)下,21 世纪末全球温室气体排放量增加区间预计将在 $75\sim140GtCO_2$ 当量/年,这意味着全球平均地表温度(GMST)相比于工业化前水平上升 $3.7\sim4.8℃$(中等气候响应情况)或 $2.5\sim7.8℃$(考虑气候不确定性情况)。因此,世界各国亟须采取能够实现显著减排目标并将升温幅度限制在 2℃ 以内的减缓路径。这也就要求各国充分利用各种技术、经济、社会和制度实现低成本科学化的长期温室气体减排目标。然而,此类减缓路径的实施预计将对现有技术、经济、社会和制度造成巨大挑战。针对关键技术的投资与技术创新以及考虑技术经济性的低成本化有助于减排技术的大规模部署,社会与制度层面的公众意识的提升和积极的国际合作有利于在全球范围内实现共同减排目标。

据气候变化国际组织以及生态环境部历年工作报告显示,现有气候变化减缓路径主要包括调整与优化能源及产业结构、提高能效、增加碳汇、确定低碳试点,以及非二氧化碳气候强迫因子减排等多种方式(IPCC,2014;IPCC,2018;生态环境部,2019)。目前世界各国广泛采用的一项典型的减排措施是相对减少对煤炭能源的过度依赖,同时大力发展以风能、太阳能、生物质能等非碳基能源为代表的可再生能源行业。例如,国际能源署在最新发布的《可再生能源2020》报告中指出,得益于中美两国对可再生能源发电行业的大力支持,全球可再生能源的净装机容量在 2020 年年底达到近 200GW,并且极有可能在 2025 年成为全球最主要的电力来源。包括电气化、氢能、生物能源、碳捕获、利用和封存(CCUS)及其组合技术(BECCS)在内的现有技术与新技术的深度结合被认为有助于成功实现显著减排目标,并且已经在不同尺度上证明以上路径的技术可行性。然而,由于世界各国在社会、经济、制度和价值判断等方面存在差异,减缓努力及其预期成本评估各有不同,从而使得特定技术在全球范围内的大规模推广与利用面临较大限制。如何在制度层面管理和协调国际合作,通过技术援助和统一行动等方式深化气候变化减缓路径的全球部署将成为未来的工作重点。

二、气候变化适应路径

气候风险可能给自然系统和人类社会带来不可逆的影响,因此世界各国的公众、政府和私营部门已经开始主动采取相应措施提前适应气候风险及其潜在影响，为气候变化减缓行动争取更多缓冲时间（IPCC，2014；IPCC，2018；生态环境部，2019）。适应具有地域性与行业差异性，具体方案的实施效果通常受到地区和部门的影响，并非放之四海而皆准。此外，气候变暖趋势以及气候变化的不确定性可能会给许多适应路径带来更大挑战。鉴于气候风险通常具有复杂性和广泛性的特点，气候变化适应路径覆盖了包括农业领域、水资源领域、自然生态领域、人类健康领域以及国际合作领域等在内的众多部门。具体而言，在农业领域，积极培育耐高温和强降水的作物新品种以应对农作物产量下降问题，提供针对性的补贴抗旱设备并完善作物保险体系以保障小规模农户和农耕企业的权益。此外，减少农业市场波动并增加全球贸易开放度有助于应对世界粮食供应短缺问题。在水资源领域，优化海水淡化等措施以提高水资源的气候抗御力，开发有助于解决水资源短缺的风险管理技术（如节水技术及策略）以适应气候不确定性带来的水文变化。在自然生态尤其是生物多样性领域，减少填海造陆和退林还耕等改造动、植物栖息地的行为，能够恢复与增强自然生态系统对气候变化的自适应能力。此外，还能够搭建迁徙走廊并辅助脆弱物种迁徙转移到替代地区，以应对气候变化造成的物种脆弱性问题，提高物种的适应和迁移能力。在健康领域，加强与完善现有医疗卫生服务体系以及社会保障系统，以应对气候变化相关的健康和安全问题，如提供环境卫生设施以增加清洁水的可获得性，保证疫苗接种和弱势群体的基本卫生保健，加强气候灾害的灾前预警和灾后管理能力。完善的保险项目、社会保障措施和灾害风险管理预计能够改善低收入人群的气候成本分配不平等现象。

　　近年来，气候风险及其影响得到了更为广泛的认可和重视，世界各国在考虑共生效益、协作效应和未来机遇的前提下积极开展国际合作并缔结气候公约以适应全球范围内的气候变化趋势。全球气候治理正逐步演变为一种由各类气候制度或机制组成的松散集合体，也有学者将其称为复合机制（Keohane et al.，2011；Victor，2011），或视为一个以公约机制为中心的同心圆。该同心圆的外圈依次由国际、国家/区域和地区圈层构成，多边机制、双边机制、其他联合国执行机构以及环境公约等机制分属不同圈层或多个圈层，但均与公约机制直接或间接相连，由此共同组成全球气候治理的集合体（IPCC，2014）。由于世界各国在气候治理过程中的利益和能力均有所差异,因此全球层面的气候治理难以建立一个全面有效的机制体系。这种复合机制能够适应当前形势且具有较强的灵活性,既能够保证小范围内磋商的有效达成,又能够促使已达成的成果逐步扩散。除复合机制外,一些学者认为全球气候治理不存在所谓的"核心",而呈现为一种多中心治理的体系(Ostrom,2012)。以追求缔约方一致同意的多边领导模式在全球气候治理体系中占据了重要地位,然而其巨大的妥协性以及国别利益鸿沟难以弥合,不免效率低下。由两个及以上的大国或集团在气候领域开展共同合作的双边模式也是气候治理体系中的重要方式。双边机制虽然可能随着参与方国内政治变动影响发生变化(宋亦明等,2018),但是不同于多边机制,这种由大国主导的双边模式在气候治理过程中具有不可否认的高效率。合作双方达成全球气候治理的共同意愿,合力促成有代表性、有约束力、有实施性的行动方案和条约,充分利用各国的比较优势,共同向国际社会提供气候治理所需的包括资金、技术等在内的诸多要素(薄燕,2016a;薄燕,2016b;关孔文等,2017)。例如,作为全球气候治理的积极力量,中国、欧盟和美国都曾依靠其大国(集团)的能力和合作意愿,通过双边模式在全球气候治理中发挥了重要作用(王联合,2015;张自楚等,2016)。

第三节　全球碳中和目标与进展

　　全球气候变化对地球环境的影响日益突出,已经成为社会发展面临的严峻挑战。频繁的人类活动引起了气候变化,其后果之一就是全球变暖。地球自然资源如化石能源和木材等均是由碳元素构成的,含碳自然资源消耗的增加会引起二氧化碳等温室气体排放增加,最终促进全球变暖。"碳中和"一词自 2006 年被《新牛津美国词典》选为年度词汇以来,讨论热度持续增加,引起了众多国际组织和民众的广泛关注。例如,国际航空运输协会早在 2013 年就提出要在 2020 年实现航空运输行业"碳中和"的有关目标。联合国政府间气候变化专门委员会在 2018 年呼吁世界各国,为实现 1.5℃以内的升温目标而积极采取措施,使世界各国制定"碳中和"目标和研究实现路径正式提上日程。"碳中和"是指企业、团体或个人测算在一定时间内直接或间接产生的温室气体排放总量,通过植树造林、节能减排等形式,以抵消自身产生的二氧化碳排放量,实现二氧化碳"零排放"(中华人民共和国中央人民政府网)。"碳中和"作为一种缓解管理工具,可以有效缓解全球温室效应。目前,中国、欧盟、英国、美国、加拿大、德国、法国、日本和新西兰等国家和地区陆续公布了"碳中和"目标,下面就世界各国"碳中和"进展和实现路径分别进行介绍。

一、欧盟碳中和进展

　　2019 年 12 月,欧盟委员会在马德里召开的第 25 届联合国气候变化大会(COP25)上发布了《欧洲绿色协议》,也称为"欧洲绿色新政",正式确立了欧盟在 2050 年在全球范围内率先实现"碳中和"的目标。2020 年 10 月,《欧洲气候法》正式由欧盟各国环境部长讨论达成一致,将欧盟在 2050 年实现"碳中和"目标以法律的形式确立。为实现"碳中和"目标,欧盟提出了以下八个方面的路径措施:①将在 2030 年实现在 1990 年排放基础上减排 40%的目标提升至 50%～55%。②到 2050 年,实现土壤、空气和水等环境全部零污染,即创建无毒(toxicfree)环境。③加速实现可持续性智能交通体系，减排90%的运输排放量，转移陆路交通到航道和铁路交通上。在2025年建成100万个公共充电站和加油站为零排放和低排放汽车服务。计划在2021年6月修订内燃机车二氧化碳等空气污染物的排放性能标准(庄贵阳等，2021)。④重点提升能源利用效率，大力发展可再生能源电力部门，淘汰煤炭产业及实现燃气行业脱碳，促进工业向清洁经济和可持续经济发展。⑤新建建筑和翻新老旧建筑要以高资源效率和高能源效率建造。⑥减少化肥、农药的使用，打造绿色健康的农业供应链，促进可持续食品的消费。⑦保护生态系统多样性和生物多样性，恢复被破坏的生态环境。⑧采取"气候税金"制度，取消化石能源补贴，提高污染源头，如航空部门、海运部门和传统能源企业的税率。

二、英国碳中和进展

2019年6月，英国新修订的《气候变化法案》正式生效，确立了在2050年实现"碳中和"的目标。英国是世界上第一个以立法形式确立"碳中和"目标的发达国家。2020年11月，英国又发布了包括10个方面的"绿色工业革命"计划，进一步明确减排目标(孙晓玲，2021)。为了实现"碳中和"目标，英国提出了以下五个方面的路径措施：①承诺在2030年实现在1990年排放基础上至少降低68%的温室气体减排目标。②大力推进新一代核能技术的研发、加快发展海上风能能源及普及电动车的使用。③加入"弃用煤炭发电联盟"(ThePowering-PastCoalAlliance)，承诺未来5~12年彻底淘汰燃煤发电。④实施"绿色账单"计划，以补贴等方式支持民众对新建建筑进行能耗分析，使用节能设备，对老建筑新安装减排设备，并实行BREEAM(Building Research Establishment Environment Assessment Method)绿色建筑节能评估。⑤实行"25年环境计划"和"林地创造资助计划"，助力林地面积增加。

三、美国和加拿大碳中和进展

2021年1月，美国总统拜登在上任第一天就宣布重返《巴黎协定》，并宣布美国将在 2050 年实现"碳中和"目标。为了实现"碳中和"目标,美国提出了以下四个方面的路径措施:①将在 2035 年实现 100%的清洁电力能源,即无碳发电,推进约 2 万亿美元的"清洁能源革命"。②在交通领域,大力推广电动汽车及其他清洁能源汽车的使用,实现城市的零碳交通。③在建筑领域,利用节能技术实现新建建筑的零碳排放。④大力发展新能源创新,研发储能、绿氢、碳捕捉技术和核能等前沿技术,减少低碳成本。

2020 年 11 月 19 日,加拿大政府颁布法律草案明确在 2050 年实现"碳中和"目标,并计划每五年制定一次具有法律效力的碳排放预算。加拿大的 CCUS(Carbon Capture, Utilizationand Storage)技术处于世界领先水平,全球首座 CCUS 一体化项目于 2014 年由加拿大萨斯喀电力公司建成,成功地向世界表明了 CCUS 技术商业化运营的潜力(胡璇,2020)。加拿大计划进一步建立 CCUS 技术国际知识中心,推广其在水泥和钢铁等传统行业的应用,研发和发展第二代 CCUS 技术。

四、德国和法国碳中和进展

2019 年 11 月,德国颁布的《气候保护法》首次以法律的形式确定德国在 2050 年实现"碳中和"目标(邓明君等,2013)。该法案明确了工业、建筑、交通和能源等经济部门的排放量,并提出在 2030 年实现在 1990 年排放基础上至少降低 55%的温室气体减排目标。德国计划从 2021 年启动德国排放交易体系,向销售化石能源等高排放产品的企业出售排放量额度,以此补贴民众出行和降低电价。

2020 年 4 月 21 日,法国颁布法令《国家低碳战略》,明确法国在 2050 年实现"碳中和"目标。法国计划将现有减排速度提高三倍以实现 2050 年"碳中和"目标,促进欧盟对高排放进口物品加征关税,加大力度发展氢能等清洁能源,设立专项翻新工程补助金帮助高能耗建筑转变。

五、日本和新西兰碳中和进展

2020 年 12 月 25 日,日本颁布《绿色增长计划》,正式提出日本在 2050 年实现"碳中和"目标。日本政府计划在 2030 年电动车电池成本减少一半以上,在 2035 年电动车将替代汽油车,在 2050 年以前通过大量投资和新技术开发实现可再生能源占比增加至 50% 左右,加大风力发电和氢能利用,减少核能源依赖。此外,日本政府为绿色投资和销售提供税收减免,并设立绿色基金支持绿色技术的投资。

2019 年 11 月 7 日,新西兰议会通过《零碳法案》,明确新西兰在 2050 年实现"碳中和"目标。与其他国家不同的是,新西兰对"碳中和"的定义是除生物甲烷(主要来自绵羊和牛)以外的所有温室气体的净零排放。新西兰计划在 2030 年生物源甲烷的总排放量在 2017 年基础上减少 10%,到 2050 年在 2017 年基础上减少 24%~47%。

六、其他国家碳中和目标实现日期

除上述国家外,芬兰政府宣布计划在 2035 年成为世界上首个实现"碳中和"的国家;奥地利和冰岛,以政策宣示的形式明确提出在 2040 年实现"碳中和"目标;瑞典提出在 2045 年实现"碳中和"目标;智利、哥斯达黎加、丹麦、斐济、匈牙利、爱尔兰、马绍尔群岛、挪威、葡萄牙、斯洛伐克、南非、韩国、西班牙和瑞士均明确了在 2050 年实现"碳中和"目标。

七、主要国家碳中和实现路径

根据中国人民银行国际司青年课题组调查显示,世界各国主要从能源、建筑、交通、工业和农业五大路径实现"碳中和"目标。能源领域的减排措施集中在清洁能源的发展利用和煤电产业占比的降低,例如,2020 年 7 月,欧盟和英国均大力推进氢能技术在工业和交通等领域的应用;2020 年 4 月,瑞典关闭了境内所有燃煤电厂,丹麦已经停止颁发天然气和石油开采许可。建筑领域的减排措施集中在翻新老旧建筑、新建高效低碳建筑和实行绿色建筑节能评价体系,例如,欧盟计划在 2030 年实现所有建筑近零排放,新加坡对新建建筑和已有建筑规定了最低绿色标准。交通领域的减排措施集中在推广新能源交通工具和实现交通运输系统智能化,如美国、德国和奥地利等减免零排放汽车税收及提供低息贷款和泊车福利,欧盟致力于运用 5G 和无人机等技术建成数字化和智能化的交通体系。工业领域的减排措施集中在碳捕捉、储存技术和循环经济,例如,英国在 2018 年启动了生物能源碳捕捉和封存试点,欧盟提出循环经济行动计划,提升产品循环利用率,减少"碳足迹"。农业领域的减排措施集中在加强植树造林和减少农业生产碳排放,例如,墨西哥计划在 2030 年前实现森林零砍伐,芬兰结合欧盟发布的《农场到餐桌战略》制定了节约粮食和提高粮食安全性、可持续性的路线图。

第二章　碳中和的科学基础

碳中和是一种全球性的解决气候变化的有效手段,以及节能环保的最佳举措,其科学依据也令人信服。它将由社会政策制定,以及由政府、商业组织和民众分享共同实施,是实现节能减排和碳减排、实现可持续发展战略目标的重要选择。

第一节　全球碳收支与碳平衡

一、全球碳收支与碳循环不平衡现象

全球碳收支与碳循环是碳中和的科学基础。其中,碳收支主要包括碳源和碳汇,分别代表了大气中碳的来源和去向。碳循环是地球系统物质和能量循环的核心以及不同圈层相互作用的纽带,是反映全球变化下陆地生态系统是否健康的核心指标体系。全球碳收支与碳循环的微小变化便能导致大气碳浓度的显著波动,从而进一步影响全球气候的稳定。因此,分析与研究碳收支及碳循环是全球气候变化研究体系的重要环节,国际地圈-生物圈计划(IGBP)同样将其确定为核心内容之一。

碳源和碳汇是全球碳收支的重要组成部分。其中,碳源是指排放到大气中的碳,以人类活动产生的碳排放为主。目前全球最大的碳源是化石燃料的燃烧,占人类活动碳排放的70%左右,化石燃料主要包含以煤、石油和天然气为代表的碳基能源。此外,大约还有30%的人类活动碳排放来自水泥生产和土地利用变化等(IPCC,2013)。碳汇是指从大气中吸收的碳,以自然界中的二氧化碳

吸收为主。目前全球最主要的碳汇是陆地生态系统和海洋生态系统,分别从大气中吸收30%左右的碳,大约还有40%的碳留在大气中(IPCC,2013)。主要碳源和碳汇以及对大气二氧化碳的贡献如图2-1所示。

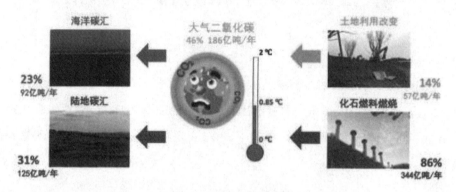

图2-1 碳收支示意图

所有排放到大气中的二氧化碳,部分继续停留在大气中,其余的被陆地、海洋以及人为或人类未知的碳汇渠道进行吸收和储存。科学家对碳源和碳汇估计的不确定性,以及可能还存在人类未知的碳汇渠道等问题导致了全球范围内的碳收支不平衡问题。因此,排放到大气中的二氧化碳并不完全等于留在大气的二氧化碳与陆地、海洋碳汇的加和。

当碳源与碳汇相互抵消时,可达到碳收支平衡,也即碳中和。然而,实际观测值显示目前大气二氧化碳浓度急剧增加,揭示了全球碳收支存在不平衡的问题。Keeling曲线在全球变化研究领域中有着举足轻重的地位,它记录了自1956年以来美国夏威夷岛冒纳罗亚火山(Mauna Loa)地区的大气二氧化碳浓度,由于观测地点远离人类活动区域,因此观测结果被公认为能够代表全球大气二氧化碳浓度的平均状况。根据Keeling曲线可知,全球大气二氧化碳浓度在过去60年间持续上升,增长了1.3倍,继而导致了以全球变暖为代表的全球气候变化问题。与此同时,全球其他大气二氧化碳浓度观测站点也观测到相同的现象(Liao et al.,2020;Nordebo et al.,2020)。上升的大气二氧化碳浓度表明全球尺度碳收支的不平衡,也即向大气中排放的二氧化碳(碳源)远大于从大气中吸收的二氧化碳(碳汇)。

由于自然系统碳汇结构复杂,具有年际波动大和区域异质性高的特点,因而成为碳收支核算中最具争议的一环。因此,各个国家纷纷启动了大型碳循环科学研究计划。例如,美国、加拿大和墨西哥联合启动了"北美碳计划"(NACP),欧盟发起了"欧洲碳循环联合项目",在2003年该项目结束之后启动了另外一个综合集成碳项目——Carbo Europe-IP,继续深入研究之前的工作,探讨欧洲地区陆地生态系统碳源及碳汇的时空分布格局。核算现有碳收支主要有两种方法:第一种方法是进行实地调查,获取通量数据、航空航天数据和地面清查资料,但该类核算是在点上进行的,无法全面了解区域甚至全球自然生态系统碳源及碳汇的情况。在此背景下,第二种方法——生态系统碳循环模拟应运而生,包括自下而生的机制模型以及自上而下的大气反演模型。需要指出的是,目前研究所估算的国家和区域碳汇大小都具有较大的不确定性。如何准确估算生态系统碳源及碳汇,有效指导温室气体减排目标的制定,是未来全球变化和自然系统碳循环研究的主要挑战之一。

全球碳计划项目组织了区域碳循环评估和过程综合分析,以对全球各个地区碳收支情况进行估算(LeQuéré et al.,2014)。该项目通常于年底发布当年全球碳预算报告,在全球范围内具有极高影响力。人类活动是全球碳收支中的主要碳源,自工业革命以来,化石燃料的燃烧以及土地利用方式的改变等人类活动使得人为碳排放(碳源)激增(IPCC,2013),碳收支不平衡的出现被认为是人类活动的增强打破了自然系统稳定的碳吸收能力。图2-2为从1850年到2015年的全球碳收支动态变化趋势。由图2-2可知,过去70年全球陆地碳汇和海洋碳汇并非保持稳定,而是均有显著增加(Friedlingstein et al.,2020)。大量研究已证实,由大气二氧化碳浓度激增所引发的气候变化可能对自然生态系统产生复杂影响,并使其碳汇功能增强(Walker et al.,2020)。虽然自然碳汇的增加在一定程度上促进了碳收支平衡,但其增加量有限,并不能抵消人为碳排放所带来的碳源增加,人类活动仍是引起碳收支不平衡的主要原因。其中,相比于土地利用变化,化石燃料的燃烧所带来的碳排放在过去几十年里增幅显著,是碳收支不平衡现象逐年加剧的关键因素。

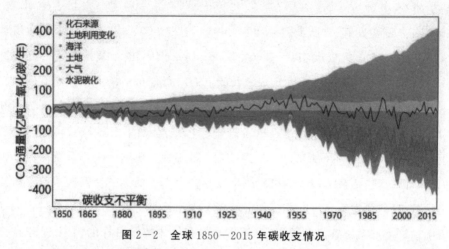

图2-2　全球1850-2015年碳收支情况

近年来,全球及区域碳收支成为多方关注的热点议题。定量核算全球碳源与碳汇大小、分布以及变化趋势是以碳减排为主要目的气候变化谈判的科学基础之一,对构建公平合理的国际减排方案,从而实现碳中和至关重要。其中,对国家和区域碳源的核算是从根本上实现碳中和目标的重中之重。人类活动碳源来自人类活动的碳排放,当前世界各国以及一些环保组织均致力于建立量化人类活动碳排放的数据清单。人类活动碳排放主要包含两种核算方法:第一种是核算直接碳排放(Kennedy et al.,2010),即对本国拥有行政管辖权的国家领土和近海区域内直接产生的温室气体的排放量进行核算。这种方法是目前碳排放量化的标准方法,目前全球主要数据库公开的碳排放量均是基于这种方法进行核算的。然而,发达国家利用资本和技术优势,通过进口、外包等形式将碳排放量大的前端制造业转移至不发达地区,从而降低自身的直接碳排放,转嫁自身减排义务于较不发达地区。在此背景下,第二种基于消费端的碳排放核算方式应运而生(Davis et al,2010),该方法主要关注因本国消费活动造成的温室气体排放,从而有效反映了本国的实际活动水平和排放强度。

二、基于生产的碳核算

1960—1970年,全球年均排放量仅为(113.67±0.73)×10^8t二氧化碳,其中3/4的排放来自欧洲和北美地区(Ciais et al.,2019)。之后的60年,全球人为活动碳排放量持续增长。到2008—2017年,年均排放量增长至(344.67±1.

83)×10⁸ t 二氧化碳,相比 1960—1970 年翻了三倍,并且主要排放区域由欧美转移到东亚和南亚等发展中国家集中的地区(Ciais et al.,2019)。二氧化碳排放量的增长速率在过去几十年间也有变化:20 世纪 60 年代是二氧化碳排放量的快速增长期,年均增长率为 4.5%;到 20 世纪 90 年代,年均增长率突然放缓,下降至 1.0%(LeQuéré et al.,2018);然而这种放缓并没有持续很久,2000 年之后,年均增长率又有大幅度提升;到 2010 年,年均增长率才开始逐渐平缓(Friedlingstein et al.,2020)(图 2—3)。

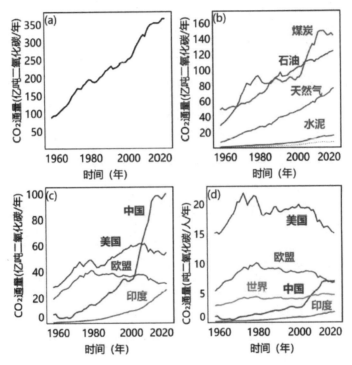

(a)全球二氧化碳排放;(b)煤炭、石油、天然气、水泥和水泥生产除去水泥碳汇(虚线)的全球排放估计;(c)前三大排放国家(美国、中国、印度)和欧盟领土排放;(d)前三大排放国家(美国、中国、印度)、欧盟和全球的人均排放

图 2—3　化石燃料燃烧二氧化碳排放量

化石燃料作为全球碳排放的最大贡献者,主要包括煤炭、石油和天然气(Shan et al.,2018)。过去 60 年间,这三种化石燃料所带来的碳排放均大幅增加。除此之外,一些工业过程如水泥生产所产生的碳排放也在持续增长(图 2—3)。在过去几十年间,三种化石能源所占一次能源消费比例也发生了改变,由

2000年之前的以石油为主,转变成2000年之后的以煤炭为主。从时间上来看,2000年之后,中国经济快速发展且对煤炭高度依赖,这是全球煤炭消费量激增的主要原因,也正因为如此,中国一跃成为全球最大的二氧化碳排放国。

针对各个国家和地区的区域性碳排放核算,对于全球碳预算分配具有重要意义。全球大气研究排放数据库(EDGAR)中的数据显示,美国是世界上第二大二氧化碳排放国。然而,若对比历史累计,美国在1970—2018年的累计碳排放量高达2563×10^8 t二氧化碳,相比中国同一时期的累计碳排放量高20%,是全球累积二氧化碳排放量最大的国家。进入21世纪,美国的碳排放量相对稳定甚至呈波动下降的趋势,占全球碳排放总量的比例也从1950年的42.46%减少到2008年的17.62%,然而美国的人均二氧化碳排放量一直远高于其他地区的人均二氧化碳排放量(Apergis et al.,2017)。

欧盟的二氧化碳排放量仅次于美国和中国,其中德国、英国、意大利、法国和西班牙均位于全球碳排放总量的前20位。英国利用煤炭开启工业化进程,在工业革命初期曾是全球碳排放量最大的国家,随着煤炭消费比例在一次能源消费中占比逐渐降低,英国的碳排放总量逐年下降,到2017年已跌至全球第20位(EDGAR)。其他欧盟国家的碳排放量也总体呈下降趋势。就欧盟整体而言,早期的工业革命带来了二氧化碳排放的峰值,之后受到全球金融危机的冲击,工业活动大量减少,2008 — 2013年二氧化碳排放量急剧下降,2014—2018年,排放量略有上升(Muntean et al.,2018),到2019年,由于可再生能源的增加和煤改气,欧盟二氧化碳排放量继续下降,其中能源相关碳排放量为29×10^8 t,比2018年减少1.6×10^8 t,降幅为5%。电力行业碳排放量减少了1.2×10^8 t,降幅为12%。但就人均碳排放量而言,欧盟仍高于世界平均水平。

印度作为世界第二大人口国,是全球第三大的二氧化碳排放国,在2017年贡献了全球全年二氧化碳排放总量的7%(LeQuéré et al.,2018)。1996—2016年,印度二氧化碳排放量约以年均5%的增长速度快速增长,仅在2006—2016年,印度碳排放量就增加了一倍。随着印度经济开始向城市化和工业化的道路发展,发电量以超过6%的年均增速增长,其中,约七成的电力由火力发电生产,煤炭所占能源供应比例较大,约为44%,但印度的人均碳排放量处于世界较低水平。

中国作为最大的发展中国家,是世界上最大的煤炭生产国和消费国,煤炭消费量占全球煤炭消费量的 48%(IEA,2017),同时也是世界上最大的水泥生产国,水泥产量约占全球水泥产量的 44%(Liu et al.,2015),因此,中国是目前世界上年碳排放量最大的国家。2012 年,中国的碳排放总量已接近美国与欧洲碳排放总量的总和。从碳排放变化趋势来看,中国碳排放量受到经济快速增长的拉动作用,且在 2000 年之后增速最为显著;2008 年,金融危机促使中国生产结构发生了巨大变化(Mi et al.,2017),经济进入新常态,转向结构稳增长,碳排放总量年平均增速放缓,约为 3%。然而,由于发展程度、生产结构及城乡消费模式的差异,中国国内不同区域的排放特征存在着显著差异(Liu et al.,2012;Guan et al.,2014;Wiedenhofer et al.,2016)。不论是体量还是增长趋势,中国的碳排放都将对全球碳排放产生深远影响,因此成为全球开展碳减排和低碳发展的重点区域(Liu et al.,2013)。2019 年 6 月发布的《中华人民共和国气候变化第三次国家信息通报》指出,我国碳中和取得明显进展,例如 2016 年森林蓄积量为 163.72 亿 m^3,提前完成 2020 年目标,单位 GDP 碳排放相比去年下降 40.7%,非化石能源占能源消费总量的比例达到 13.3%。

中国碳排放主要源于化石能源,特别是煤炭的消费以及工业生产过程(Liu et al.,2012;Liu,2016;Zhang et al.,2017),但由于数据来源、统计口径、排放因子和核算范围的不同,不同国际机构(CDIAC、EDGAR、GCP、CEADs、BP、IEA、EIA 等)发布的核算结果存在较大差异,使得不同机构报告的中国碳排放总量存在差异(表 2-1)。中国碳排放数据库 CEADs 开展了针对能源消费和水泥生产过程的二氧化碳排放量核算(Liu et al.,2015;Shan et al.,2018),与国家清单数据库较为一致(Liu et al.,2015)。《中华人民共和国气候变化第二次两年更新报告》显示,2014 年中国能源活动相关的二氧化碳排放为 89.3×10^8 t,CEADs 的估算为 87.1×10^8 t,二者相差仅为 2.5%,且在彼此的不确定性范围之内。

三、基于消费的碳核算

基于消费的碳排放核算方法(即碳足迹)指的是计算本国消费的产品和服

务的整个产业链生产过程中的碳排放,不论其产生碳排放的过程是不是在本国范围内。例如,一个地区的碳足迹包括该地区外购电力的电力生产端的碳排放,尽管电力生产是发生在区域之外的。本国消费端的碳排放总量,等于本国的直接碳排放量减去本国用以出口到其他国家的产品生产过程中的碳排放量,加上本国进口其他国家产品在他国领土内生产过程中产生的碳排放量(Davis et al.,2010)。

表 2-1　中国国家信息通报与不同数据库(CDIAC、EDGAR、GCP、CEADs、BP、IEA、EIA 等)对中国 2000—2018 年二氧化碳排放的估算(单位:10^8 t)

年份	基于生产端的排放核算						基于消费端的排放核算					
	包括能源活动和工业生产过程	包括能源活动和水泥生产过程排放					仅能源活动					
	国家信息通报	EDGAR	CDIAC	EDGAR	GCP	CEADs	国家信息通报	BP	IEA	EIA	CEADs	GCP
2000		35.7	34.0	33.5	33.5	30.0		33.6	31.0	35.2	28.3	29.6
2001		37.6	34.9	35.3	34.3	32.5		35.3	32.6	36.9	30.6	31.1
2002		40.6	38.5	38.1	37.9	34.7		38.5	35.1	39.6	32.6	33.6
2003		47.0	45.4	44.3	44.6	40.9		45.3	40.7	46.3	38.4	38.2
2004		54.4	52.3	51.5	51.3	46.8		53.4	47.4	53.8	44.0	43.3
2005	63.8	61.5	59.0	58.3	57.8	54.0	56.7	61.0	54.1	61.1	50.9	48.3
2006		68.3	65.3	64.6	63.8	60.1		66.8	59.6	67.4	56.5	51.7
2007		75.1	67.0	70.9	68.7	65.5		72.4	64.7	70.4	61.5	55.7
2008		76.8	75.5	72.3	73.8	67.6		73.8	66.7	75.0	63.5	59.9
2009		82.1	75.6	77.3	77.6	73.3		77.1	71.3	81.9	68.6	66.3
2010	87.0	89.6	87.8	84.7	85.1	79.0	76.2	81.4	78.3	87.8	73.6	72.4
2011		98.5	97.3	93.2	94.0	87.4		88.1	85.7	98.3	81.3	79.5
2012	98.8	100.7	100.3	94.9	96.4	90.8	86.9	89.9	88.2	103.6	84.5	82.0
2013		105.2	102.6	99.0	98.0	95.3		92.4	91.9	108.0	88.3	83.2

年份	基于生产端的排放核算						基于消费端的排放核算					
	包括能源活动和工业生产过程			包括能源活动和水泥生产过程排放			仅能源活动					
	国家信息通报	EDGAR	CDIAC	EDGAR	GCP	CEADs	国家信息通报	BP	IEA	EIA	CEADs	GCP
2014	102.6	106.1	102.9	99.8	98.3	94.4	89.3	92.2	91.3	107.0	87.1	83.2
2015		105.5	101.4	99.3	97.2	92.7		91.7	91.0	105.1	85.8	83.5
2016		107.0	98.9	100.7	97.1	92.2		91.2	90.6	105.0	85.2	84.7
2017		108.1		101.8	98.5	93.4		92.3	92.6	104.2	86.6	85.5
2018		109.7		103.2	100.7		94.3					

相对于基于生产的碳核算,基于消费的碳核算考虑了区域间贸易所引发的隐含碳导致的碳泄漏问题,因而被认为更具公平性(Peters et al.,2009)。碳泄漏是指发达国家的温室气体减排可能引发的发展中国家排放量增长,比如西方发达国家通过将产品前端污染密集的初级生产和制造外包到发展中国家,由此造成发展中国家额外的排放治理成本。除此之外,基于消费的碳核算有助于了解碳排放的贸易驱动因素,量化各国之间因商品贸易造成的排放转移(Peters et al.,2011;Lin et al.,2016)。例如,我国领土上产生的碳排放有相当一部分是隐含在出口商品中由国外消费的,这部分隐含的碳排放即为发达国家向我国转移的碳排放。例如,基于消费端的核算方法,美国的实际碳排放量增加,因而应当承担更多的减排任务(钟章奇等,2018)。综上,虽然基于消费的碳排放核算方法与基于生产的碳排放核算方法所得到的全球碳排放总量是相同的,但基于消费的碳排放核算有利于厘清世界各国碳排放的责任,从而在公平性原则的基础上制定科学减排措施和贸易政策联合应对气候变化。

直接碳排放与碳足迹的差异集中体现在国际贸易产品供应链环节。现有研究表明,全球超过两成的二氧化碳排放来自国际贸易产品的生产及运输过程,并且主要隐含在中国或其他新兴市场的出口之中,然而这部分碳排放实际用于满足发达国家的消费需求(Meng et al.,2016;Mi et al.,2018)。根据全球碳计划项目(Global Carbon Project,GCP)于 2019 年发布的《2018 年全球碳预算》可知,在 2016 年,碳足迹最大的国家依次是中国(25%)、美国(16%)、欧盟(12%)和印度(6%);直接碳排放最大的国家依次是中国(27%)、美国(15%)、欧盟(10%)和印度(7%)(Le Quéré et al.,2018)。如果碳足迹高于基于生产的碳核算,则表明该国为净进口国,如美国;反之则为净出口国,如中国。大多数发达国家的碳足迹大于其自身的直接碳排放,并且碳足迹的增长速度超过其直接排放量(Peters,et al.,2011;Chen et al.,2018)。瑞士、瑞典、奥地利、英国和法国等西方发达国家的碳足迹超过其自身直接碳排放的 1/3,表明这些国家通过全球贸易规避了理应承担的碳减排责任。

第二节 人类活动源与自然源的碳排放

一、人类活动源碳排放

因人类活动产生的二氧化碳排放,可按其来源划分为四大类,即化石能源燃烧排放、土地利用变化排放、工业生产过程排放、生物质燃烧排放。

(一)化石燃料燃烧

化石燃料是古代植物或动物遗骸在沉积后,经过长期且复杂的变化而形成的碳氢化合物或其衍生物。常见的化石燃料有煤炭、石油和天然气,其他化石燃料还包括油页岩、油砂、可燃冰等。作为一种碳氢混合物,化石燃料在燃烧过程中与空气中的氧气发生反应,主要燃烧产物是二氧化碳和水。以煤炭、石油和天然气为主的化石燃料,已成为当前人类活动源碳排放的最主要来源。具体而言,由于储量大,开采难度较低,利用历史较长,煤炭一直是人类使用最广泛的化石燃料。随着空气污染、气候变化等问题得到重视,越来越多的国家开始走上"弃煤"之路,改用可再生能源来代替煤炭等化石能源的使用。特别是在电力行业,目前欧盟的化石燃料消费比重已降至40%以下。然而在中国和印度等发展中国家,当前仍需要依赖煤炭为主的化石燃料,化石燃料消费的比重占国家能源消费总量的八成。石油容易开采,便于运输,并且作为现代工业中不可或缺的原料,被誉为"工业的血液",被大规模用作燃料或石化产品原料。天然气因开采过程污染较少,燃烧产物仅为水和二氧化碳,并且不会有固体残渣生成,因此被认为是一种清洁能源。

人类使用化石燃料的历史由来已久。我国对煤炭的文字记载最早可追溯至春秋战国时代。在明代的《天工开物》一书中,已有专门的章节系统地描述了我国古代煤炭的开采技艺。中文的"石油"一词由宋代著名学者沈括创造,在其著作《梦溪笔谈》中记载:"鄜延境内有石油……此物后必大行于世,自予始为之。盖石油至多,生于地中无穷,不若松木有时而竭。"

近代对化石燃料的大规模使用,始于工业革命。18世纪中叶开始了第一次工业革命,蒸汽机的发明标志着人类进入"蒸汽时代",煤炭也成了主要的动力来源,开始被大规模开采利用和广泛用于工业生产与交通运输中。到19世纪中叶的第二次工业革命,人类开始进入"电气时代"。随着世界近代石油工业的开启,内燃机的相继发明也点燃了人类对石油的需求。现代生活的方方面面仍然与化石燃料息息相关,主要是为了满足人类活动的生产二次能源、工业生产、居民消费等需求。特别是随着第二次世界大战后的全球经济复苏和人口增长,人类对化石燃料的需求进一步扩大。2019年,全球煤炭产量已达 81×10^8 t,煤炭消费量约是1965年水平的3倍;全球原油开采量达9519万桶,是1965年全球原油产量的近3倍;全球天然气消费量是1965年的7倍。当前,全球化石燃料消费量占全球能源消费总量的80%(BP,2019)。

化石燃料的排放系数差异很大。首先,不同化石燃料具有不同的排放系数特性。煤炭的含碳量普遍高于石油和天然气,但其发热效率比石油和天然气低约40%。其次,同一种类化石燃料的排放系数也有较大差异。以煤炭为例,常用煤化程度、灰分含量、发热效率等指标对煤炭进行分类。在中国,根据挥发分,将所有煤分类为褐煤、烟煤和无烟煤;在煤炭的命名上,将煤炭划分为焦煤、气煤、贫煤、肥煤、瘦煤、弱黏煤、不黏煤和长焰煤8类。不同煤种的排放系数也有很大差异。根据IPCC的缺省净热值(单位燃料所产生的净热值),褐煤仅为每吨 119×10^8 J,而炼焦煤的缺省净热值高达每吨 282×10^8 J。另外,同一煤种的排放系数也会因为地域的不同而有显著的差异。例如,印度本土开采的炼焦煤的净热值约为每吨 240×10^8 J,而印度从澳大利亚、印度尼西亚等地进口的优质炼焦煤的净热值可达每吨 $(270 \sim 280) \times 10^8$ J。

化石燃料的大规模使用也带来了严峻的环境问题,不仅加剧了温室效应,而且造成了空气污染。一方面,化石燃料的燃烧产生了大量的二氧化碳排放。自工业革命以来,人类因燃烧化石燃料已向大气中排放超过 1.5×10^{12} t 二氧化碳,是导致大气中二氧化碳浓度剧增、引发温室效应和全球变暖的主要原因。另一方面,化石燃料还含有硫和含氮化合物等杂质,燃烧后将分别产生二氧化硫(SO_2)和氮氧化物(NO_x)等大气污染物。此外,化石燃料的不充分燃烧,还会产生黑烟、粉尘和可吸入颗粒物,甚至产生一氧化碳(CO)等有毒气体。这些大气污染物对人体健康有较大的影响。据估计,2018 年全球有 800 多万人死于化石燃料污染(Vohra et al.,2021)。化石燃料中还含有重金属,经燃烧后排放到空气中,危害人类健康。例如,燃煤电厂贡献了全球超过 13% 的大气汞排放;而中国"十二五"期间燃煤电厂改造减少了 24t 汞排放,避免了 30485 点智商损失和 114 例心脏病死亡(Li et al.,2020)。

此外,化石能源的开采过程也造成了严重的环境影响。除了化石燃料的燃烧过程释放了大量的二氧化碳外,化石燃料的开采和运输过程也会逸散出二氧化碳(CO_2)和甲烷(CH_4)等温室气体。据估算,各类温室气体逸散排放约占能源相关排放总量的 8%。

(二)土地利用变化

土地利用变化指不同土地利用类型之间(常见的土地利用类型包括林地、草地、耕地、湿地、建设用地等),由于人类土地利用方式的改变而转变的过程。土地利用变化可根据土地利用类型变化的程度,划分为土地利用转变和土地利用渐变。土地利用转变是指由一种土地利用类型转变为另一种土地利用类型。例如,城市化进程、农田征用等,属于其他土地利用类型向建设用地转变;退耕还林、退耕还草等,属于土地利用类型从耕地向林地、草地转变。土地利用渐变是指在不发生土地利用类型变化的情况下,土地利用单元发生面积缩小、覆被类型变化等情况。土地利用渐变在累积到一定程度后,可能导致土地利用转变。土地利用对陆地碳储量的影响,主要是由土地单元中土壤有机碳和地上植被碳储量的变化决定的。

土地利用变化主要是通过对土壤中有机碳的含量和分布,以及对植被碳储量产生直接或间接的影响和扰动,如土地利用方式改变、土地利用方式不合理、土地管理方式变化等,导致土壤中的碳素或在植被中储存的碳释放到大气中。例如,在将林地、草地开垦为耕地的过程中,土地单元内的地表植被遭到破坏,被砍伐的树木被加工成木材产品或是作为生物质被燃烧,土壤中原本被固定的有机碳也因植被破坏和耕作翻地而被释放。特别是在巴西、印度尼西亚等热带国家,目前还保留有"刀耕火种"的传统耕作模式——通过烧毁热带雨林获得大片耕地,并利用草木灰作肥料。但是这种粗暴的毁林方式将造成巨大的碳排放。据估算,热带地区因毁林导致的年排放量约为 30×10^8 t 二氧化碳(Harris et al.,2012),约占全球人类活动碳排放量的 10%。核算土地利用变化导致的碳排放量,一般是对每一类土地分别评估其生物量、枯落物、枯死木和土壤有机碳的碳储量变化。综合考虑所有土地利用类型变化,1850—1998 年,全球因人类活动的土地利用变化造成的碳排放量约为 5000×10^8 t 二氧化碳(Bolin et al.,2000),相当于同时期人类活动化石燃料燃烧和水泥生产过程碳排放量的一半。近几十年来,由于快速的城市化进程和经济发展,中国的土地利用类型发生了巨大的变化。1990—2010 年,我国草原面积减少了 7%,耕地和森林增加了约 1%,而城市建设用地增加了 44%,土壤中有机碳和植被的储存碳以年均 1×10^8 t 二氧化碳的速度被释放到大气之中。

此外,在土地利用类型没有改变的情况下,土地管理方式等人类活动也会造成碳排放。例如,在森林的管理活动中,木材采伐和柴火收集直接导致了森林碳储量的减少,而未能有效控制野火和病虫害也会导致森林生物量减少(Apps et al.,2013);在耕地的管理活动中,翻耕强度和施肥量都会导致土壤中有机碳储量的变化(张婷等,2013)。据估计,1990—2010 年,中国因土地管理方式导致的碳排放量约为每年 5×10^8 t 二氧化碳(赖力等,2016)。

(三)工业生产过程

工业生产过程的碳排放,指为生产非金属矿物产品(如水泥、石灰、苏打等)、金属产品(如铁、铝、铜等)和化工产品(如氨气、电石等)的工业原料中的碳元素,在加工过程中发生物理化学反应而生成二氧化碳的过程。不同工业生产过程产生二氧化碳的原理不同,主要来源包括碳酸盐工业原料的分解反应(常见于非金属矿物工业)、化石燃料作为还原剂或催化剂(常见于金属冶炼工业和化工行业)、化石燃料直接进行加工生产的过程中发生氧化反应产生二氧化碳(常见于石化工业)。

水泥生产过程是二氧化碳排放量最大的工业生产过程。2019 年,全球水泥生产过程中的碳排放量约占全球二氧化碳排放总量的 4%(Friedlingstein et al.,2020)。石灰石($CaCO_3$)是水泥生产最主要的原料,水泥生产过程是将石灰石和黏土按一定比例掺和磨细得到生料,再经高温煅烧后形成水泥熟料,熟料再与其他添加剂按一定比例掺和磨细后,最终得到水泥。水泥生产过程中的二氧化碳排放主要源于水泥生料中的碳酸盐。水泥原料中的石灰石和少量碳酸镁($MgCO_3$)在高温煅烧下发生分解反应,排放出二氧化碳(方程2-1):

$$CaCo_3 \underline{高温} CaO + Co_2 \uparrow \tag{2-1}$$

在金属冶炼工业中,煤和焦炭通常被作为还原剂来提纯金属矿石。如钢铁工业中,高炉炼铁的生产工艺是将铁矿石和焦炭同时放入高炉,由焦炭提供高温并产生一氧化碳作为还原剂,将各类铁矿石中的氧原子还原,得到高纯度的生铁。常见的铁矿石有赤铁矿(Fe_2O_3)、黄铁矿(FeS_2)、菱铁矿($FeCO_3$)和磁铁矿(Fe_3O_4)等。在还原过程中,一氧化碳与铁矿石中的氧原子结合生成二氧化碳,其化学反应式为(以赤铁矿为例,方程2-2):

$$Fe_2O_3 + 3CO \underline{高温} 2Fe + 3CO_2 \tag{2-2}$$

化工产品生产过程中的二氧化碳排放的来源不一。例如,在电石(碳化钙CaC_2)的生产过程中,首先高温煅烧石灰石,产生氧化钙(CaO)和二氧化碳,然后用石油焦等还原氧化钙,形成碳化钙、一氧化碳和二氧化碳。而在石油化工工业中,天然气等化石燃料或石油精等石油提炼产品直接被用作原料,生产甲醇、乙烯、丙烯、二氯乙烯和丙烯腈等石化产品,其原料中的碳原子在生产过程中经过变换反应或氧化反应产生二氧化碳。

工业生产过程中的碳排放量未得到足够的重视和研究。目前对全球尺度的工业生产过程碳排放核算,受数据的限制,通常仅限于对水泥生产过程开展核算。而在国家级的温室气体排放清单中,已对非金属矿物制品、化学工业、金属冶炼等主要工业生产过程碳排放开展核算。作为全世界最大的水泥和钢铁生产国,中国的钢铁和水泥产量约占全球产量的一半。2016年,中国的工业生产过程排放量约占全国总二氧化碳排放量的15%(生态环境部,2018),相当于日本(全球第六大排放体)的年排放量。其中,中国的水泥生产过程中的排放约为全国二氧化碳排放量的8%(Shan et al.,2020),钢铁生产过程中的排放约为全国二氧化碳排放量的3%(生态环境部,2018)。除了水泥和钢铁外,其他10种主要工业产品(石灰、平板玻璃、氨、电石、纯碱、乙烯、铁合金、氧化铝、铅、锌)的生产过程中的碳排放量约为全国二氧化碳排放量的5%。

（四）生物质燃烧

生物质能是指由植物、动物粪便和各类有机废物转化而成的能源。常见的生物质燃料包括木材及木材废弃物、秸秆等农林废弃物、黑液、填埋气体、沼气、废弃有机物、生物汽油、生物柴油、醇基燃料等。与化石燃料相比，生物质燃料没有经过复杂的地质作用，而是生物质直接或间接（经转化后）地被用作燃料。各类生物质燃烧（包括人类活动和自然界的生物质燃烧）的碳排放量约占全球排放量的18%（Tripathi et al.，2020）。

传统的生物质燃料如木材及木材废弃物、秸秆等，曾在农耕文明时期或在当前的部分农村地区扮演着重要角色，是农村家庭能源的主要来源。然而，传统的生物质燃料属于高排放、高污染燃料。木材及木材废弃物的发热效率低，其净发热值（燃烧单位重量燃料所产生的热量）约为天然气的1/3；但木材及木材废弃物的单位碳排放量高，其碳含量（单位净发热量所含碳）是天然气的两倍。此外，传统的生物质燃烧还会带来严重的空气污染。例如，在焚烧秸秆时，将形成烟雾降低空气能见度，并排放出二氧化硫、二氧化氮和可吸入颗粒物等污染物，危害人体健康。现代生物质燃料如醇基燃料等，具有清洁、可再生的特点。但是，醇基燃料（如乙醇燃料）的生产仍受到技术发展的制约，同时大规模生产乙醇燃料还会增加对粮食作物的需求、推高粮食价格。并且，为满足乙醇燃料生产需求而增产粮食作物，还可能导致对农业资源（如能源和水资源）的进一步浪费。

二、自然系统的碳排放

自然系统的碳排放是指自然界（陆地和海洋）本身存在的在未经人类活动干扰的情况下向大气排放二氧化碳的过程，包括野火、火山喷发等引起的碳排放和内陆水域的碳排放。自然系统的碳排放同样会引起大气中二氧化碳浓度的升高。在未经人类活动干扰的状态下，自然系统的碳排放通常排放量较小，且在自然系统的调节范围内。

野火是指不受人为计划和控制的，发生在森林、灌木、草原等不同陆地生态系统的大火。在野火发生的过程中,陆地植物中的碳因燃烧而分解成二氧化碳并释放到大气中。此外,燃烧过后的植物因为已经死亡,失去正常的碳吸收能力,其残余有机碳会进一步被分解成二氧化碳进入大气中,进一步导致大气中二氧化碳浓度的升高。20 世纪 80 年代以来,科研工作者开始采用卫星观测全球的野火发生情况,并进一步估计野火产生的碳排放量。

火山爆发同样会导致二氧化碳排放到大气中。由于火山熔浆的高温高压状态,在其喷发到大气中后,熔浆中的二氧化碳会溢出,从而导致大气中二氧化碳浓度的升高。科学家通常采用遥感、二氧化碳激光雷达系统、无人机飞行监测等方法估算火山爆发的碳排放量。

内陆水域也是重要的自然系统碳排放源。内陆水域包括河流、湖泊等。水域中的二氧化碳分压普遍高于大气中的二氧化碳分压,导致内陆水域中的二氧化碳会自然逸出排放到大气中,导致大气中二氧化碳浓度的升高。科学家通常采用实地采样、遥感等方法来估算内陆水域的碳排放量。

第三节　自然系统碳汇及人工增汇措施

一、自然系统的碳汇

自然系统的碳汇是指自然界(陆地和海洋)吸收大气中的二氧化碳并固定下来形成稳定含碳物质,从而实现大气中二氧化碳浓度下降的过程(Falkowski et al.,2000)。这个过程主要依赖陆地生态系统植被的光合作用和海洋对二氧化碳的吸收溶解。绿色植被的光合作用可以在短时间内吸收大量的二氧化碳,对于快速降低大气中的二氧化碳浓度有重要作用。但是通过植被光合作用形成的有机碳也容易被呼吸作用等过程分解,导致大部分吸收的二氧化碳又重新回到大气中。海洋的碳汇能力虽然不及陆地生态系统,但是其储碳周期长,可以实现二氧化碳的长时间封存。

(一)陆地生态系统的碳汇

光合作用是陆地生态系统碳汇的主要途径。在光合作用的过程中,绿色植物和藻类通过吸收光能,把二氧化碳和水合成富能有机物,同时释放氧气(方程2—3)。根据植物群落生长类型和生存环境的特点,陆地生态系统可以分为森林生态系统、草原生态系统、荒漠生态系统、湿地生态系统以及受人工干预的农田生态系统,其中完成光合作用任务的主要是各种草本或木本植物等第一性生产者。森林生态系统的结构最复杂,生物种类最多,碳吸收能力最高,而荒漠生态系统的碳吸收能力最低。

$$CO_2 + H_2O \rightarrow (CH_2O) + O_2 \qquad (2-3)$$

科学家通常采用样方法、通量塔观测、遥感、大气反演和动态全球植被模型等方法来核算陆地生态系统的碳汇量。样方法需要科研工作者前往不同类型的陆地生态系统,采用统一的勘测手段和采样标准对植物的茎、枝、叶、根等进行采样,同时也需要采集样方里不同深度的土壤样品,运至实验室进行碳分析。

通过多年的实地观测,科研界已经可以准确记录并得到样方里各种生物和土壤碳库存的变化量,从而估算出陆地生态系统吸收的二氧化碳量。进行通量塔观测首先需要在各种类型的陆地生态系统里搭建通量塔。通量塔可以实时监测生态系统与大气中的二氧化碳交换量,从而计算出陆地生态系统的碳汇。遥感主要借助卫星对陆地植被生物量进行监测,通过建立生物量与碳汇量的关系,推算出陆地生态系统的碳汇量。大气反演主要根据全球的二氧化碳浓度监测站,实时监测大气中二氧化碳的浓度,根据二氧化碳排放量等先验数据实现对二氧化碳吸收量的估计。动态全球植被模型通过构建物理和化学的过程模型来模拟陆地生态系统的碳循环过程。由于陆地生态系统的碳汇受到二氧化碳浓度和气候的影响较大,科学家采用这两类数据来驱动动态全球植被模型,从而计算出陆地生态系统的碳汇量。

据估计,陆地生态系统每年吸收 125×10^8 t 二氧化碳,可以抵消全球每年31%的二氧化碳排放量(Friedlingstein et al.,2020)。由于全球的陆地主要集中在北半球,陆地生态系统的碳汇量主要受北半球季节变化的影响。

在北半球的春夏季节,日照时间长,温度高,降水量大,植被的光合作用较强,陆地生态系统的碳汇量较高;秋冬季节则完全相反,同时受落叶、植被死亡的影响,陆地生态系统的碳汇量较低。随着大气中二氧化碳浓度升高,全球气候变暖加剧,陆地生态系统的碳吸收能力也受到促进和抑制两种相反的机制影响。二氧化碳浓度的升高会给植被带来施肥效应,促进二氧化碳的吸收。但是全球变暖、极端性天气的频发、野火的增加可能导致陆地生态系统的碳吸收能力降低。

(二)海洋系统的碳汇

海洋系统的碳汇主要依靠海洋对大气中二氧化碳气体的溶解吸收(非生物过程)。当大气中的二氧化碳分压高于海洋中的二氧化碳分压,大气中的二氧化碳会扩散进入海洋,海洋溶解吸收二氧化碳;当海洋中的二氧化碳分压高于大气中的二氧化碳分压,海洋则成为碳源。同时,海洋中的浮游植物等生物也可以通过光合作用(生物过程)吸收和固定大气中的二氧化碳。海洋中吸收或转化二氧化碳的生物或非生物过程,会把溶解到海洋中的二氧化碳进行转化和固定,促进海洋的碳吸收过程。

科学家通常采用走航监测、遥感和海洋生物地球化学模型等方法计算海洋系统的碳汇。走航监测主要通过在各大海域航行观测,实地监测海水的物理和化学性质、大气和海水的二氧化碳分压等参数,实现海洋系统碳汇的估算。遥感主要通过卫星观测全球海洋的盐度、温度、海表风速等物理和化学性质,进一步估算大气和海水中的二氧化碳分压,从而计算海洋系统的碳汇量。海洋生物地球化学模型通过构建物理和化学的过程模型来模拟海洋系统的碳循环过程。与动态全球植被模型相似,海洋生物地球化学模型同样通过二氧化碳浓度和气候数据驱动,从而计算出海洋系统的碳汇量。

海洋系统每年吸收 92×10^8 t 的二氧化碳,可以抵消全球每年二氧化碳排放量的 23%。同时,海洋是地球上最大的活跃碳库,是陆地碳库的 20 倍、大气碳库的 50 倍。相较于陆地碳库,海洋碳库的稳定性很强,海洋的储碳周期可长达数千年,主要储存在海洋生态系统中或是掩埋在海底,甚至进入地壳层。

在稳定的气候条件下,海洋的碳吸收能力受季节变化和人为的影响较少,所以其碳汇量常年稳定。然而在近代,尤其是工业革命以来,随着大气中二氧化碳浓度的不断升高,大气中的二氧化碳分压普遍高于海洋中的二氧化碳分压。大气中的二氧化碳因此持续加速扩散进入海洋,海洋系统的碳汇量不断增加。与此同时,随着气候变化带来的全球温度升高,海洋温度也随之上升。海洋温度的升高也会影响海洋的二氧化碳溶解度、吸收和固定二氧化碳的生物与非生物过程,可能出现碳汇量减少的情况。

海洋碳汇相关研究非常活跃,值得一提的是,中国科学家提出了"海洋微生物碳泵"(Microbial Carbon Pump,MCP)理论,表明海洋中的微生物具有转化有机碳、生成惰性溶解有机碳(RDOC)的储碳机制。MCP 理论突破了经典理论中依赖颗粒有机碳沉降和埋藏的经典理论,解开了储存于海洋水体中巨大溶解有机碳库的成因之谜,被美国《科学》(Science)杂志评论为"巨大碳库的幕后推手"。

二、人为增加碳汇的措施

在全球变暖日益严重的危机下,人为增加碳汇是应对气候变化的重要途径之一。人为增加碳汇的方法主要有人为干预自然系统以增强自然碳汇，以及碳捕获、利用与封存等人为固碳技术。

（一）人为干预自然系统增汇

通过人为干预自然系统，可以增强自然系统碳吸收的能力，从而实现人为增加碳汇。陆地上开展的植树造林、退耕还林等工程，海洋上开展的海水养殖、海洋生态环境改善工程等都是人为干预自然系统实现增加碳汇的措施。

1.植树造林

植树造林是指新造或更新森林的生成活动，是培育森林的一个基本环节。种植面积较大且将来能形成森林和森林环境的，则称为造林。种植面积较小，将来不能形成森林和森林环境的，则称为植树。森林生态系统是陆地上碳吸收能力最大的生态系统，每年能抵消大量的人为碳排放，具有显著的碳效益。自20世纪70年代末开始，中国政府开始实施大规模的植树造林工程，以应对日益严重的环境灾害、保护人类健康和保障长期环境安全。植树造林工程自实施以来，已经带来了巨大的环境效益，也显著增加了中国的陆地碳汇。除了在抵减工业碳排放增长方面的贡献外，植树造林工程产生的碳汇还可以产生市场价值，同时也可以促进林业、旅游业等产业的快速发展。

2.退耕还林

退耕还林是指从保护和改善生态环境出发，对易造成水土流失的坡耕地有计划、有步骤地停止耕种，按照适地适树的原则，因地制宜地恢复植被，在适宜的环境中进一步植树造林。在历史上，盲目毁林开垦和进行陡坡地、沙化地耕种等不科学的土地利用方式，造成了我国严重的水土流失和风沙危害。洪涝、干旱、沙尘暴等自然灾害曾频频发生，人民群众的生产、生活受到严重影响，国家的生态安全受到严重威胁。毁林开垦还破坏了当地植被的碳吸收能力，也进一步导致土壤储存的碳分解释放二氧化碳到大气中。因此，大规模生态修复工程不仅有利于对抗水土流失，减风降沙，改善环境质量，更有助于增强碳储存。退耕还林可以增强土壤的碳储量，增强生态系统的碳吸收能力。

3.森林管理

在森林生态系统中，不同的林木结构和植被类型的固碳能力有所差异。混交林往往具有更好的固碳效益。森林管理是指改善林分结构,将纯林改造为混交林。同时,不同树种之间固碳能力不相同,选择固碳能力强的造林树种,可以增强森林的固碳能力。不同造林树种的固碳能力存在差异,适当的管理措施(施肥结合中度采伐)相对于传统的管理方式(不施肥结合低强度采伐)能提高森林的土壤有机碳储量,但施肥结合高强度采伐则会降低土壤有机碳储量。适当保留采伐剩余物,可以促进森林生长,提高生态系统碳储量。此外,人工用材林的种植密度、轮伐周期以及采伐方式,都会影响其固碳能力。因此,科学合理地对森林进行人为干预和管理,有助于提高森林生态系统的碳汇能力,增加其碳汇量。

4.实施陆海统筹负排放生态工程

在历史上,陆地淡水生态系统因富营养化曾带来不同程度的生态污染、水生物死亡等问题。同时,水体富营养化也造成了大量的碳排放。陆海统筹负排放生态工程是指合理减少农田的氮、磷等无机化肥用量,进而减少河流营养盐排放量,缓解近海富营养化。在提升水生植物光合作用强度,使其固碳量保持较高水平的同时,减少有机碳的呼吸消耗,提高惰性转化效率,可使总碳储量达到最大化。历史上陆源营养盐曾长期大量输入近海,不仅导致近海环境富营养化,引发赤潮等生态灾害,而且使得海水中的有机碳难以保存。陆源输入的有机碳大部分都在河口和近海被转化成二氧化碳释放到大气中,导致这部分海洋生态系统中原本固碳能力最高的海区反而成为二氧化碳的排放源。

相应地,近海储碳的评价体系也需要建立和进一步完善。在储碳指标中不仅要考虑沉积埋葬的有机碳,而且要纳入对惰性溶解有机碳的考量。将大气中的二氧化碳转化成惰性溶解有机碳不仅可以增加近海碳汇,而且这部分被固定的惰性溶解有机碳非常稳定,也可随海流输出到外海。如果到达深海则可实现长期储碳——深海惰性溶解有机碳可储存 4000～6000 年。

(二)碳捕获、利用与封存

碳捕获、利用与封存(CCUS)技术主要通过人为过程将二氧化碳从排放源中分离,并对其进行直接利用或封存。该技术的广泛使用可以大量减少被排放到大气中的二氧化碳(此类技术也常与碳排放进行对应表述,被称为负排放技术)。相关研究认为,这种技术是未来大规模减少温室气体排放最经济、可行的方法。在二氧化碳捕集与封存(CCS)的基础上,碳捕获、利用与封存(CCUS)增加了"利用"(Utilization)。利用被捕获的二氧化碳这一理念是在中国的大力倡导下,随着 CCS 技术的发展,对 CCS 技术认识的不断深化形成的,目前已经获得国际社会的普遍认可。IPCC 第五次评估报告中进一步强调了生物质能源技术和 CCUS 技术结合的新型 CCUS 技术——BECCS(Bioenergy with Carbon Capture and Storage),即生物能碳捕获与封存,指把碳收集及储存技术安装在生物加工行业或生物燃料的发电厂。报告提出,这项技术应当作为负排放的重要技术。此项技术近年来逐渐受到越来越多的关注(蔡博峰等,2020)。

　　碳捕集技术的应用主要集中在煤化工行业,其次为火电等行业,通过人为过程将煤化工生成和火力发电产生的二氧化碳从排放源中分离,并对其进行直接利用或封存。中国的碳捕集技术已经比较成熟,在地质利用和封存等若干核心技术方面也取得重大突破(蔡博峰等,2020)。中国在 CCUS 市场化进程中也已走在国际前沿。例如,中国的二氧化碳驱油技术,即通过把二氧化碳注入油层中以提高油田采油率的技术,已经进入商业化应用初期阶段。不过在当前,中国在 CCUS 应用方面与国际社会面临着共同的难题,即经济成本依然是制约CCUS 发展的重要因素。具体而言,在 CCUS 捕集、输送、利用与封存环节中,捕集是能耗和成本最高的环节。中国当前的低浓度二氧化碳捕集成本为每吨300～900 元,罐车运输成本约为每吨每公里 0.9～1.4 元。驱油封存技术因技术水平、油藏条件、气源来源、源汇距离等不同,成本差异较大。碳利用技术,比如驱油封存技术,可以通过提高石油采收率的方式,有效补偿 CCUS 的成本。原油价格在每桶 70 美元的水平,基本可以通过所采原油平衡 CCUS 驱油封存的成本。

　　相对于中国的二氧化碳排放量和减排需求,当前 CCUS 技术的减排贡献仍然很低(年封存量约为年排放量的万分之一),难以满足中国低碳发展的迫切需求。尽快建立较为全面的 CCUS 技术的发展政策环境,进一步推动 CCUS 技术的研发和应用,推动中国 CCUS 技术的健康发展,是实现中国碳达峰和碳中和目标的必要途径之一。

第三章 中国碳排放的现状、趋势与驱动因素

碳达峰与碳中和愿景目标的提出为中国制造业低碳发展明确了新方向,对加快制造业碳减排提出了新要求。近年来,中国制造业能源消费和碳排放增速趋缓,能源结构日趋优化;经济活动效应是制造业碳排放的首要驱动力,而能源强度效应是影响制造业子行业间碳排放差异的主要因素;提高黑色金属冶炼和压延加工业等高排放强度行业的能源效率,是未来制造业碳减排的关键所在。应在制造业重点行业和区域明确碳达峰的任务和路径,持续推动制造业结构升级,以科技创新促进高耗能行业降低能源强度,提高制造业能源使用效率,以助推实现碳达峰和碳中和。

第一节 中国碳排放的现状与趋势

一、中国碳排放总量巨大

中国是全球人口最多的国家和最大的发展中国家,改革开放以来,在快速的城市化和工业化进程之中,中国的能源消费量与碳排放量快速增长。中国在2010年国内生产总值(GDP)超过日本,成为全球第二大经济体。在2007年,中国的碳排放量已超过美国,跃居全球第一,2010年,中国一次能源消费量占全球的25%,2011年中国成为全球第一大化石能源消费国(Guan et al.,2012)。2012年中国的碳排放量超过美国和欧洲之和。2000年中国碳排放量为34×10^8t二氧化碳,占全球的14%;2019年中国碳排放量达到95×10^8t二氧化碳,

占全球的 29%。2019 年美国碳排放量占全球的 14.5%,我国当年碳排放量是美国碳排放量的两倍多(BP,2021)(图 3-1)。根据中国碳核算数据库(China Emission Accounts and Datasets,CEADs)部门法核算的估计,以及根据中国国家统计局 2019 年和 2020 年的碳排放强度推测,2000—2020 年,中国的碳排放量从 30×10^8 t 二氧化碳增加到了 99.4× 10^8 t 二氧化碳,增加了 2.3 倍(图 3-2)。

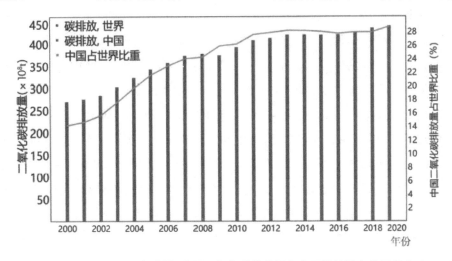

图 3-1　2000-2019 年世界、中国二氧化碳排放量和中国排放量占世界的比重

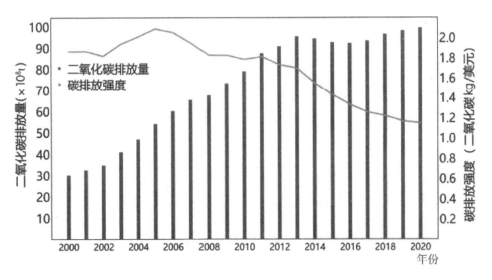

图 3-2　2000-2020 年中国二氧化碳排放量和碳排放强度

二、中国碳排放历史增长迅速，近期增速减缓

在 1970 年前，中国的碳排放总量少于 9×10^8 t 二氧化碳，人均碳排放量只有世界人均水平的 1/4（Gilfillan et al.，2020）。但是，自从中国 20 世纪 70 年代进行改革开放，尤其是 2000 年加入世界贸易组织（WTO）以后，中国的碳排放量随着经济的蓬勃增长而增长。中国的碳排放量在 20 世纪 70 年代增加了 6％，在 80 年代增加了 4％，在 90 年代增加了 4％，在 2000 年增加了 10％，在 2010 年增加了 2％，与此同时中国的 GDP 分别增加了 6％、9％、10％、11％ 和 7％（Friedlingstein et al.，2020）。中国碳排放量在 2000—2013 年快速增长，期间增加了 2.2 倍（图 3—3）。2007 年中国碳排放总量与美国相当，而 2011 年中国的能源消费碳排放总量已经相当于美国能源碳消费排放总量的 150％。但是 2014—2016 年的碳排放量出现短暂下降（图 3—3），这主要得益于中国在能源结构方面的调整，比如在全国范围内淘汰低效率的煤电厂，使得煤炭消费总量出现了下降，此后碳排放量出现反弹。

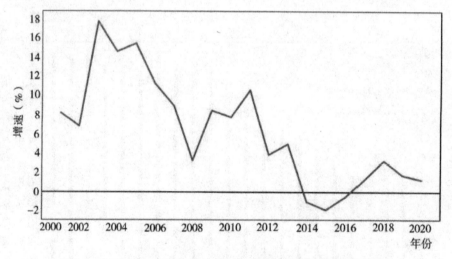

图 3—3　2000—2020 年中国二氧化碳排放量增长速度逐年加快

三、中国碳排放强度高，化石能源占排放比重大

碳排放强度是衡量经济与碳排放量关系的重要指标。该指标指的是每单

位国民生产总值(GDP)的增长所带来的二氧化碳排放量。从碳排放强度看,虽然中国目前的碳排放量处于增长的趋势,但是碳排放强度呈现逐年下降的趋势。2000 年中国的碳排放强度为 1.9kg 二氧化碳/美元(GDP 以 2015 年为基期,人民币兑美元的汇率以 2015 年为基准,以下提到的碳排放强度的单位与此处相同),2020 年为 1.2kg 二氧化碳/美元。2000—2020 年,中国碳排放强度下降了 36.8%(图 3—2),在一定程度上反映了中国经济的低碳化趋势。

中国能源消费结构以化石能源,尤其是煤的使用作为主导。化石能源占中国能源供应总量的 90%,其中煤的使用占 70%(中国国家统计局,1996—2021)。2020 年中国煤炭消费量占能源消费总量的 56.8%(中国国家统计局,2019—2020)。煤炭产生的二氧化碳占人为碳排放量的 70%以上。煤炭和石油在总碳排放量中所占的比重呈下降趋势,而天然气呈上升趋势(图 3—4)。然而同其他相对"低碳"的发达国家相比,中国的能源产出和利用效率低于发达国家水平,导致整体中国化石能源消费量的增加与二氧化碳排放量呈现同样的趋势。

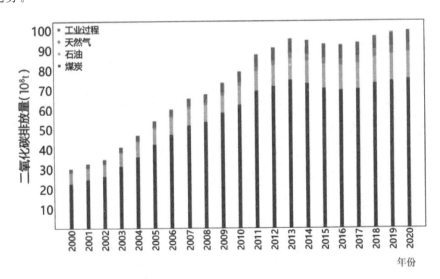

图 3—4　2000—2020 年中国人为二氧化碳排放量的主要来源

在 2009 年哥本哈根气候变化大会上,中国曾向世界做出承诺:到 2020 年我国单位国内生产总值二氧化碳排放量比 2005 年下降 40%～45%。根据 2019 年发布的《中国应对气候变化的政策与行动 2019 年度报告》,2018 年中国单位 GDP 二氧化碳排放量下降 4%,比 2005 年累计下降 45.8%,表明中国已经提前实现了在哥本哈根气候变化大会上做出的承诺。中国单位 GDP 二氧化碳排放量的快速下降也在一定程度上表明中国基本扭转了二氧化碳排放量快速增长的局面。在提前实现哥本哈根气候变化大会承诺的基础上,中国从 2020 年开始向着碳中和目标做出了更进一步的努力和更高的承诺。2020 年中国国家主席习近平在气候峰会上承诺,到 2030 年,中国单位国内生产总值二氧化碳排放将比 2005 年下降 65％以上,非化石能源占一次能源消费比重将达到 25％左右。

四、七大部门碳排放量增速和占比有所差异

根据国家能源统计年鉴的能源平衡表的部门分类,全社会共 47 个经济部门、城镇和农村居民消费,可以被合并分类为七大部门,分别是农业、工业、电力、建筑、交通、居民消费(城镇和农村消费,包括取暖、做饭、照明等满足居民日常生活的活动所消耗的能源)和其他部门(包括批发、零售贸易和餐饮服务等)。2000—2020 年,全国各部门碳排放总量总体呈上升趋势,电力和工业这两个部门占全国碳排放量的 80％以上(图 3—5)。电力和工业部门在碳排放总量的高比重代表生产性部门占据了全国碳排放源的绝大部分,其中电力部门占据最大部分,平均每年为 50％左右。而建筑和农业部门占据较小的部分,分别为 0.5％～1％和 1％～3％。各个部门占比情况在 2000—2020 年的发展趋势并不相同。相比于 2000 年,只有电力部门、交通和其他部门在 2020 年的占比情况有所上升,分别增加了 5.7％、2.1％和 0.1％。在 2020 年,这三个部门所贡献的碳排放量在全国总碳排放量中的比重分别为 52.2％、6.8％和 2.8％。而在七大部门中,工业部门的比重是降低最多的,2000—2020 年减少了 3.7％。工业部门在 2020 年对总碳排放量的贡献率为 32.2％。各部门的年际变化同样呈现出差异性。虽然 2000—2020 年,各部门的碳排放量有所上升,但是其上升速率各不相同。在 2020 年,工业、农业、电力、建筑、交通、其他部门和居民消费的碳排放量,相比于 2000 年,分别增加了 68.8％、238.1％、323.7％、192.2％、444.3％、288.0％和 131.4％。七大部门在 2000—2020 年的累计碳排放量分别为:23.4×10^8 t、568.1×10^8 t、784.4×10^8 t、10.5×10^8 t、103.3×10^8 t、45.9×10^8 t 和 70.2×10^8 t 二

氧化碳。因此在 2000—2020 年,交通和电力部门的碳排放量增量最大,年均增长率分别为 8.8% 和 7.5%;而农业部门碳排放量增量最小,年均增长率仅为 2.7%。

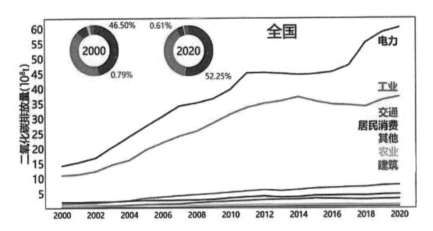

图 3-5　2000—2020 年中国七大部门的总碳排量以及 2000 年和
2020 年各部门对中国碳排放量的贡献率

第二节 区域及城市的碳排放

实现碳中和的目标离不开全国各个地区的共同努力。中国地域辽阔,由于地理位置、人口规模、经济发展水平差异等因素的影响,碳排放量呈现出较大的区域性、差异性。为了较好地展示碳排放量的地域差异性,本节聚焦于中国大陆地区区域层面的碳排放分析。按照中国区域常用分类,将中国大陆地区分为6个主要地理区。

北方地区:北京、天津、河北、山西、内蒙古。

东北地区:辽宁、吉林、黑龙江。

华东地区:上海、江苏、浙江、安徽、福建、江西、山东。

华南地区:河南、湖北、湖南、广东、广西、海南。

西南地区:重庆、四川、贵州、云南、西藏(其中西藏地区的数据因为部分数据不完整,未纳入本节计算中)。

西北地区:陕西、甘肃、青海、宁夏、新疆。

2000—2020年,我国上述6个地理区的碳排放量均呈现上升趋势,其变化趋势与全国碳排放总量趋势基本一致,但同时又呈现出区域性差异,整体呈现出东高西低的趋势(图3-6),反映了区域的碳排放量与区域经济发展之间存在一定的相关性。整体上,华东地区、北方地区和华南地区的碳排放量高于其他三个地区,2000—2020年的累计碳排放量分别是 $481.6×10^8 t$、$347.2×10^8 t$ 和 $320.5×10^8 t$ 二氧化碳,这三个地区的累计碳排放量占全国的71.5%。西北地区的碳排放量在2000—2020年的大多数年份都要小于其他地区,累计碳排放量是 $141.8×10^8 t$ 二氧化碳。就碳排放量增速而言,西北地区的碳排放量增长率高于其他地区。2000—2020年,其碳排放量增加了约5.3倍,而东北地区和华南地区在该时间段内的碳排放量增长率分别为1.5倍和2.3倍。在2020年,北方地区、东北地区、华东地区、华南地区、西南地区和西北地区的碳排放量分别为 $26.3×10^8 t$、$10.5×10^8 t$、$34.5×10^8 t$、$21.3×10^8 t$、$10.5×10^8 t$ 和 $12×10^8 t$ 二氧化碳,相比于2000年,分别增加了3.3倍、1.5倍、3倍、2.3倍、2.4倍和5.3

倍。这 6 个地区在 2000—2020 年的累计碳排放量分别为 $347.2×10^8$ t、$163.3×10^8$ t、$481.6×10^8$ t、$320.5×10^8$ t、$151.8×10^8$ t 和 $141.8×10^8$ t 二氧化碳,而其碳排放量年增长率分别为 7.5%、4.7%、7.1%、6.2%、6.3% 和 9.6%。在这段时间,全国碳排放总量的平均年增长率为 6.9%。因此,北方地区、华东地区和西北地区的碳排放量年均增长率高于全国平均水平。

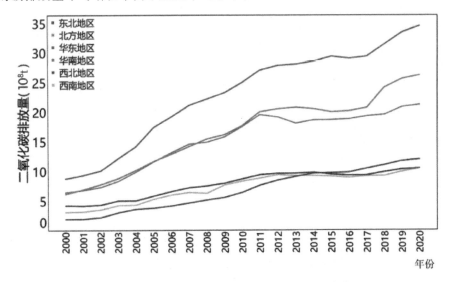

图 3-6　中国六大区域 2000－2020 年碳排放量

六大区域在 2000—2020 年的碳排放强度整体上呈现下降趋势(图 3-7)。华东和华南地区相较于其他四个地区,碳排放强度偏低。2000—2020 年,华东地区和华南地区的碳排放强度分别下降了 43.4% 和 51.3%。在 2020 年,其碳排放强度分别为 0.6kg 二氧化碳/美元和 0.5kg 二氧化碳/美元。虽然这两个地区的碳排放总量整体居高(图 3-6),但是其碳排放强度较低,反映其单位经济增长的碳排放量较少。根据相关碳排放驱动因素分析的研究,碳排放强度表征能源利用效率和技术进步水平,即碳排放强度低代表技术水平高,社会的能源利用效率较高,所以华东地区和华南地区碳排放强度较低,也在一定程度上表示其技术水平较高。西北地区和北方地区的碳排放强度较高,2000—2020 年,其碳排放强度分别下降了 7.8% 和 36.3%,而在 2020 年,其碳排放强度分别为 1.4kg 二氧化碳/美元和 1.3kg 二氧化碳/美元,是华东地区和华南地区碳排放强度的 2 倍多,反映出西北和北方这两个地区能源利用效率相对较低,有较大提升空间。与此同时,东北和西南地区的碳排放强度下降最快,2000—2020 年,分别下降了 56% 和 56.2%,在 2020 年,其碳排放强度分别为 0.9kg 二氧化碳/美元和 1.3kg 二氧化碳/美元,而西北地区下降最慢,为 7.8%。因此整体上碳排放强度表现为东低西高,这个与碳排放量的表现相反。

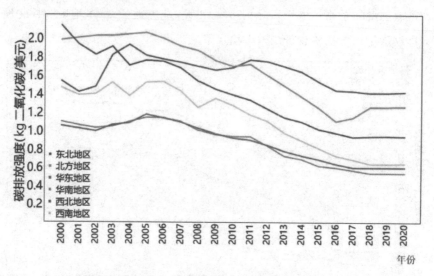

图 3-7 中国六大区域 2000-2020 年碳排放强度

北方地区碳排放的主要贡献部门是电力部门,其贡献率在 2000—2020 年呈上升趋势,在总碳排放量占比中上升了 7.4%,于 2020 年达到 53.53%(图 3-8)。而工业部门虽然也是北方地区碳排放的主要贡献部门,但其贡献率是下降的。相对于 2000 年,2020 年占比下降了 1.8%,为 36.4%。而在其余五个部门中,除交通部门(占比增加了 0.5%)外,贡献率均呈下降趋势。其中居民消费部门占比下降最多(下降 4.6%),2020 年占比为 3.6%,而建筑部门占比下降最少(下降 0.3%),在 2020 年占比为 0.5%。2000—2020 年,北方地区各部门的碳排放量呈上升趋势。在 2020 年,工业、农业、电力、建筑、交通、其他部门和居民消费的碳排放量分别为 $0.1×10^8t$、$9.6×10^8t$、$14.1×10^8t$、$0.1×10^8t$、$0.9×10^8t$、$0.5×10^8t$ 和 $1×10^8t$ 二氧化碳,相比于 2000 年,分别增加了 21.8%、305.2%、418.7%、170.5%、390.4%、109.3% 和 86.7%,其 2000—2020 年的累计碳排放量分别为 $3.6×10^8t$、$131.9×10^8t$、$169.9×10^8t$、$2.1×10^8t$、$14×10^8t$、$10×10^8t$ 和 $15.6×10^8t$ 二氧化碳[①]。可以看出在 2000—2020 年,电力和交通部门碳排放量

———————————

① 为了便于数据对比,此处数据记录幂次级均为 10^8。

增量最多,年均增长率分别为 8.6％和 8.3％;而农业部门增量最少,年均增长率为 1％。

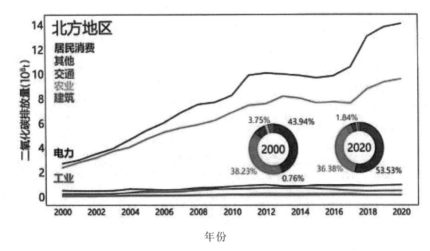

图 3－8 2000－2020 年北方地区碳排放量以及 2000 年和
2020 年各部门对北方地区碳排放量的贡献率

东北地区的碳排放主要贡献部门是电力部门和工业部门,其贡献率呈下降趋势,2000—2020 年占比分别下降了 1.2％和 1.6％,于 2020 年分别达到 49.9％和 32.7％(图 3－9)。在其他五个部门中,除交通部门(占比增加了 2.9％)外,贡献率均呈下降趋势。其中工业部门占比下降最多(下降 1.6％),在 2020 年占比为 3.6％;而农业部门占比下降最少(下降 0.3％),在 2020 年占比为 2.1％。2000—2020 年,除了建筑部门,各部门的碳排放量均有所增加。在 2020 年,工业、农业、电力、建筑、交通、其他部门和居民消费的碳排放量分别为 0.2×10^8 t、3.4×10^8 t、5.2×10^8 t、0.02×10^8 t、0.7×10^8 t、0.5×10^8 t 和 0.4×10^8 二氧化碳,相比于 2000 年,分别增加了 114.0％、136.9％、142.9％、－17.9％、321.6％、229.7％和 120.2％,其 2000—2020 年的累计碳排放量分别为 3.2×10^8 t、57.4×10^8 t、79×10^8 t、0.9×10^8 t、10.6×10^8 t、6.5×10^8 t 和 5.8×10^8 t 二氧化碳。在 2000—2020 年,只有建筑部门的碳排放量呈下降趋势,年均减少率为 1％;交通和其他部门增量最多,年均增长率分别为 7.5％和 6.1％;而农业部门增量最少,年均增长率为 3.9％。

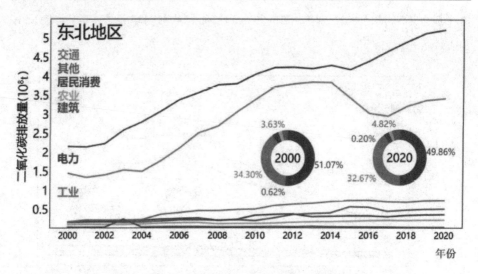

图 3-9 2000-2020 年 东北方地区碳排放量以及 2000 年和
2020 年各部门对北方地区碳排放量的贡献率

　　华东地区碳排放的主要贡献部门是电力部门,其贡献率呈上升趋势,2000—2020 年占比上升了 7.1％,在 2020 年达到 57％(图 3-10)。工业部门虽然也是华东地区碳排放的主要贡献部门,但其贡献率却呈下降趋势:华东地区 2020 年碳排放量中工业部门占比为 29.2％,相较于 2000 年下降了 6.2％。而其他五个部门,除了交通部门(占比增加了 2.6％)外,贡献率均呈下降趋势。其中农业部门占比下降得最多(下降 1.7％),在 2020 年占比为 1％;建筑和居民消费部门占比下降最少(分别下降 0.4％),在 2020 年占比分别为 0.6％ 和 3.5％。2000—2020 年,华东地区各部门的碳排放量均呈上升趋势。在 2020 年,工业、农业、电力、建筑、交通、其他部门和居民消费的碳排放量分别为 32.9×10^{8}t、1006.7×10^{8}t、1964.1×10^{8}t、19×10^{8}t、252×10^{8}t、51.9×10^{8}t 和 122×10^{8}t 二氧化碳。相比于 2000 年,以上各部门碳排放量分别增加了 45.0％、226.9％、352.4％、134.4％、520.8％、134.7％ 和 251.6％。以上各部门 2000—2020 年的累计碳排放增加量分别为 6.2×10^{8}t、156.9×10^{8}t、257.1×10^{8}t、3×10^{8}t、33.1×10^{8}t、9.2×10^{8}t 和 16×10^{8}t 二氧化碳。2000—2020 年,交通和电力部门增量最多,年均增长率分别为 9.6％ 和 7.8％;而农业部门增量最少,年均增长率为 1.9％。

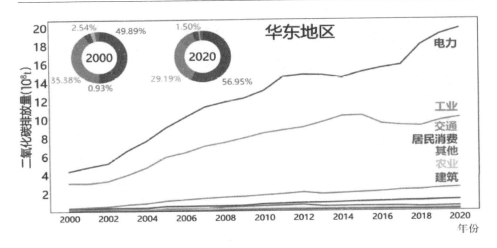

图 3-10　2000—2020 年华东地区碳排放量以及 2000 年和
2020 年各部门对华东地区碳排放量的贡献率

华南地区碳排放的主要贡献部门是电力部门,其贡献率呈上升趋势,2000—2020 年占比上升了 0.7%,于 2020 年达到 48.6%(图 3-11)。而工业部门虽然也是华南地区碳排放的主要贡献部门,但其贡献率呈下降趋势。工业部门在 2020 年华南地区碳排放中占比为 29.8%,相比于 2000 年下降了 4.9%。而其他五个部门中,建筑、交通和其他部门的贡献率呈上升趋势(分别上升 0.5%、3.3% 和 2.6%),在 2020 年分别达到 0.9%、9.9% 和 3.7%。农业和居民消费的贡献率呈下降趋势(分别下降 0.9% 和 1.3%),在 2020 年占比分别为 1.7% 和 5.5%。2000—2020 年,华南地区各部门碳排放量均有所增加。在 2020 年,工业、农业、电力、建筑、交通、其他部门和居民消费的碳排放量分别为 0.4×10^8 t、6.3×10^8 t、10.3×10^8 t、0.2×10^8 t、2.1×10^8 t、0.8×10^8 t 和 1.2×10^8 t 二氧化碳。相比于 2000 年,各部门碳排放量分别增加了 118.6%、185.2%、237.4%、566.5%、399.7%、1052.1% 和 167.3%。各部门 2000—2020 年的累计碳排放增加量分别为 5.5×10^8 t、112.1×10^8 t、148.6×10^8 t、2.3×10^8 t、26.7×10^8 t、8.9×10^8 t 和 16.3×10^8 t 二氧化碳。2000—2020 年,建筑和其他部门增量最多,年均增长率分别为 9.9% 和 13%;而农业部门增量最少,年均增长率为 4%。

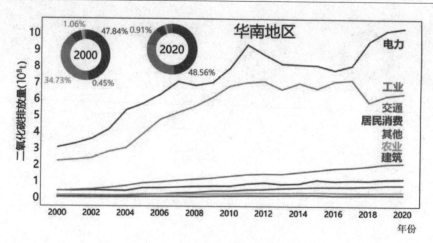

图 3-11 2000-2020 年华南地区碳排放量以及 2000 年和

2020 年各部门对华东地区碳排放量的贡献率

工业部门是西南地区最大的碳排放贡献部门,并且其贡献率是上升的,相比于 2000 年,2020 年占比上升了 2.5%,为 44%。而电力部门作为该地区碳排放的主要贡献部门之一,其贡献率却呈下降趋势,2000—2020 年,占比下降了 3.2%,在 2020 年比重为 31.1%(图 3-12)。在其他五个部门中,建筑、交通和其他部门的贡献率呈上升趋势(分别上升 0.4%、4.9% 和 3.8%),在 2020 年分别达到 1.1%、9.3% 和 6.9%。农业和居民消费的贡献率呈下降趋势(分别下降了 2.2% 和 6.2%),在 2020 年占比分别为 1.6% 和 5.9%。

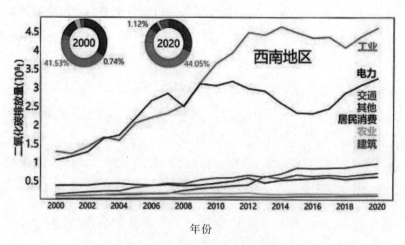

图 3-12 2000-2020 年 西南地区碳排放量以及 2000 年和

2020 年各部门对西南地区碳排放量的贡献率

2000—2020年,西南地区各部门的碳排放量均有所增加。2020年,工业、农业、电力、建筑、交通、其他部门和居民消费的碳排放量分别为$0.2×10^8$ t、$4.6×10^8$ t、$3.3×10^8$ t、$0.1×10^8$ t、$1×10^8$ t、$0.7×10^8$ t和$0.6×10^8$ t二氧化碳,相比于2000年,分别增加了44.2%、257.9%、206.3%、411.6%、607.9%、644.5%和64.3%。各部门2000—2020年的累计碳排放增加量分别为$3.3×10^8$ t、$66.8×10^8$ t、$51.1×10^8$ t、$1.4×10^8$ t、$11.5×10^8$ t、$0.8×10^8$ t和$9.9×10^8$ t二氧化碳。2000—2020年,交通和其他部门增量最多,年均增长率分别为10.3%和10.6%;而农业部门增量最少,年均增长率为1.8%。

西北地区碳排放的主要贡献部门是电力部门,其贡献率呈上升趋势,2000—2020年占比上升了18.3%,于2020年达到63%(图3-13)。而工业部门虽然也是碳排放的主要贡献部门,但其贡献率有所下降。相比于2000年,西北地区工业部门2020年在总碳排放中占比下降了4.1%,为25.3%。农业、建筑、交通、其他和居民消费这五个部门的贡献率也呈下降趋势,分别下降了2%、1.4%、1.1%、1.5%和8.2%,在2020年分别达到0.9%、0.5%、4.7%、1.9%和3.7%。2000—2020年,各部门的碳排放量均有所增加。在2020年,工业、农业、电力、建筑、交通、其他部门和居民消费的碳排放量分别为$0.1×10^8$ t、$3×10^8$ t、$7.6×10^8$ t、$0.05×10^8$ t、$0.6×10^8$ t、$0.2×10^8$ t和$0.4×10^8$ t二氧化碳,相比于2000年分别增加了93.6%、442.6%、788.4%、57%、415%、250%和98.2%。各部门2000—2020年的累计碳排放增加量分别为$1.7×10^8$ t、$43×10^8$ t、$78.6×10^8$ t、$1×10^8$ t、$7.4×10^8$ t、$3.5×10^8$ t和$6.7×10^8$ t二氧化碳。2000—2020年,电力和工业部门增量最多,年均增长率分别为11.5%和8.8%;而农业部门增量最少,年均增长率为3.4%。

在六大区域中,电力和工业部门都是碳排放的主要贡献部门,占比分别为50%和30%左右。整体上电力部门在各区域总碳排放中的贡献率呈现上升趋势,工业部门的贡献率呈现下降趋势。其中,西北地区的电力部门的贡献率上升最快,占比上升了18.3%,并于2020年达到63%。西北地区电力部门对总碳排放的贡献比也是六大区域中最高的。但是,2000—2020年东北和西南地区电力部门的贡献率均呈下降趋势(分别下降1.2%和3.2%),在2020年比重分别为49.9%和31.1%。西南地区的电力部门碳排放的平均贡献率为30%,低于其他五个地区。工业部门是该区域最大的碳排放贡献部门,并且其贡献率呈上升趋势。与此同时,其他五个地区的工业部门贡献率均呈下降趋势。华东地区工业部门的贡献率在 2000—2020 年下降最快(下降6.2%)。在 2020 年,西北地区工业部门的贡献率最小,为 25.3%;而西南地区工业部门的贡献率最大,为 44%。

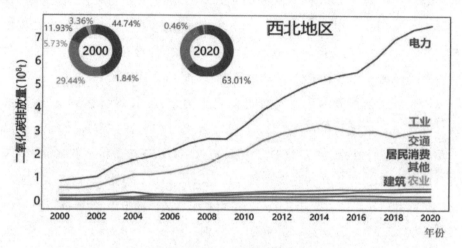

图 3-13   2000—2020 年西南地区碳排放量以及 2000 年和

2020 年各部门对西南地区碳排放量的贡献率

除电力和工业部门之外,交通部门对碳排放的贡献率也呈上升趋势。其中,西南地区交通部门的贡献率上升最快,于 2020 年达到 9.3%(相比 2000 年上升 4.9%)。交通部门在总碳排放中贡献率最高的地区是华南地区,在 2020 年达到 9.9%。西北地区的交通部门的贡献率呈下降趋势(2000—2020 年下降 1.1%),在 2020 年达到 4.7%。而从碳排放量绝对值看,除东北地区的建筑部门以外,六大区域七大部门的碳排放量均呈上升趋势,但是各区域中各部门的年均增长率呈现出不同的特征。从各区域的各部门的年增长率看,交通部门的年均增长率基本是最高的(其中最高的是西南地区,达到 10.3%)。碳排放主要贡献部门(电力和工业部门)的年均增长率为 4.4%~11.5%(其中西北地区最高,分别为 8.8% 和 11.5%)。东北地区的电力和工业部门的碳排放年均增长率最低,分别为 4.4% 和 4.5%。而各部门中农业部门的碳排放年均增长率最低,其中北方地区最低,为 1%。

第三节　新冠疫情对中国碳排放的影响

一、新冠疫情对中国碳排放总量的影响

2019年年末以来,新型冠状病毒感染肺炎疫情(COVID—19 pandemic,简称"新冠疫情")席卷全球。新冠疫情对世界各国的碳排放都产生了影响(Jackson et al.,2020;Zhu et al.,2020)。中国是新冠疫情的第一个爆发地,在中国政府严格的控制下,中国已率先从新冠疫情中恢复。中国的二氧化碳排放量在新冠疫情期间,相比2019年同期减少了7.8%。电力、工业、地面交通、住宅和航空部门的碳排放在新冠疫情期间受到明显影响。但是农业部门的碳排放受新冠疫情影响较小:一方面,农业部门的碳排放量在全国总排放量中占比较少,只有全国碳排放量的1%~3%;另一方面,农业部门的碳排放年际变化较小(见本章第二节),尤其是新冠疫情发生在2020年1~4月,该时间段内,农业部门的排放量本来就很少。因此,农业部门的碳排放在新冠疫情期间受到的影响并未在本节中讨论。

我国电力、工业、地面交通、居民消费和航空五个部门的二氧化碳排放量在2020年2月下降得最多,这与2020年2月是新冠疫情最为严重的时间段并且此时封城政策最为严格有关。随着2020年3月25日全国(除武汉地区外)的解封,中国各部门的二氧化碳排放量的降幅都有所缓解。到2020年4月底,电力、工业和居民消费三个部门的二氧化碳排放量都逐步恢复到2019年同期水平。但是地面交通部门和航空部门,尤其是航空部门,都与2019年同期水平有较大差距。从减排贡献方面看,在2020年1~4月,中国二氧化碳排放量相比2019年同期共减少264×10^6 t二氧化碳,电力和工业部门分别贡献了34.5%和26.7%,居民消费部门贡献了2.8%,地面交通和航空部门共同贡献了36%(图3—14)。

在省级尺度(图3—15)上,江苏、湖北和浙江三省在2020年1~4月的碳排

放量下降最多,这三个省份的碳排放量下降接近全国碳排放减少量的一半(48.9%),减排量分别为 $48.5\times10^6t(19.4\%)$、$42.6\times10^6t(17.0\%)$ 和 31.3×10^6t 二氧化碳(12.5%)。山东、河北、安徽、河南和重庆五省(市)的碳排放减排量均超过了 10×10^6t 二氧化碳,五省(市)的减排量占全国总排放量的28.8%。其中山东省的碳排放量减少最多(20.7×10^6t 二氧化碳),重庆市的碳排放量减少最少(10.1×10^6t 二氧化碳)。云南省、甘肃省、广西壮族自治区、宁夏回族自治区、陕西省和新疆维吾尔自治区的碳排放量2020年1~4月相比2019年同期略有增加,其中云南省只增加了(0.2×10^6t 二氧化碳,新疆维吾尔自治区增加长了 8.5×10^6t 二氧化碳。

从2020年1月23日武汉开始实行封城政策,到1月25日,除西藏地区外,其余省份均开始实行封城政策,西藏地区也于1月29日实行了封城政策。在2020年1月,除青海和西藏地区外,其余省份的碳排放量相比2019年1月都减少了,其中有15个省(区、市)的减排量超过了 1×10^6t 二氧化碳(图3-16)。31个省份(区、市)的碳排放量在2020年2月均下降了,有26个省(区、市)的排放量与2019年2月相比减少了 1×10^6t 二氧化碳以上。江苏、浙江和山东三省的减排量均超过了 10×10^6t 二氧化碳。2020年2月底,部分省(区、市)将应对新冠疫情的政策调整为"二级响应"。除湖北、青海和西藏地区外,其他省(区、市)的碳排放量在2020年2月底开始回升。

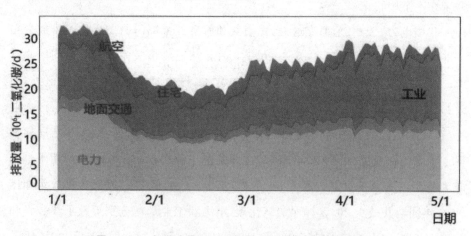

图3-14　新冠疫情对中国分部门二氧化碳排放的影响

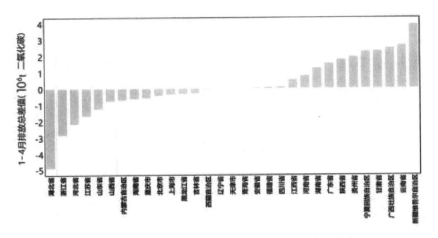

图 3—15　新冠疫情对中国省级二氧化碳排放的影响

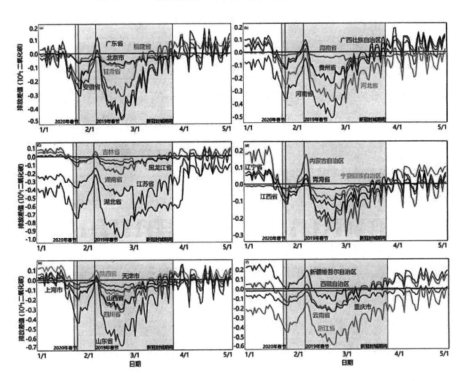

图 3—16　中国省级日尺度二氧化碳排放差值(2020 年 1～4 月与 2019 年同期)

2020 年 3 月,各省(区、市)的减排量均有所回升。到 3 月 25 日,除武汉外,全国其他各省(区、市)对新冠疫情的响应调整为"三级",除湖北、浙江和江苏三省的碳排放量与 2019 年同期相比,还有明显下降外,其他省(区、市)的碳排放量已经逐渐接近或恢复到 2019 年同期水平。到 2020 年 4 月,湖北省的碳排放仍受到疫情的持续影响,但影响程度在缩小,湖北省的碳排放量与 2019 年 4 月相比减少了 4.9×10^6 t 二氧化碳。相比 2019 年同期,浙江、河北、江苏和山东四省的减排量为 $(1 \sim 3) \times 10^6$ t 二氧化碳,其他省(区、市)的碳排放量均已经恢复到 2019 年同期水平。

二、新冠疫情对中国电力部门碳排放的影响

新冠疫情对我国不同部门的碳排放影响不同。对于电力部门,新冠疫情使碳排放量在 2020 年 1～4 月比 2019 年同期减少 91.1×10^6 t 二氧化碳(减少 6%)。其中,2020 年 1 月,电力部门的碳排放量与 2019 年 1 月相比下降了 3.6%;2020 年 2 月碳排放量的降幅最大,电力部门与 2019 年 2 月相比下降了 14.4%;2020 年 3 月碳排放量的降幅有所缓解,电力部门相比 2019 年 3 月下降了 8%;2020 年 4 月之后,封城政策在全国范围内解除,全国复工复产有序实施,电力部门的碳排放量开始回升,电力部门的碳排放量在 2020 年 4 月为 355.87×10^6 t 二氧化碳,比 2019 年同期增长了 1.1%。在新冠疫情导致的封城期间(2020 年 1 月 23 日至 2020 年 3 月 25 日),我国电力部门共产生了 $(652.88 \times 10^6$ t 二氧化碳,相比 2019 年同期减少了 12%(图 3-17)。

在省级尺度(图 3-17)上,2020 年 1-4 月,山东和浙江两省电力部门的排放量减少得最多,超过了 2×10^6 t 二氧化碳。湖北、河北、江苏、山西、海南、重庆、吉林、辽宁、安徽、四川、江西和河南的电力部门在 2020 年 1-4 月的碳排放量相比 2019 年同期均有所减少。而内蒙古、北京、黑龙江、天津、青海、福建、湖南、广东、陕西、贵州、宁夏、甘肃、广西、云南和新疆的电力部门的碳排放量在 2020 年 1-4 月相比 2019 年同期增加了,其中新疆地区的排放量增加最多,超过 4×10^6 t 二氧化碳。

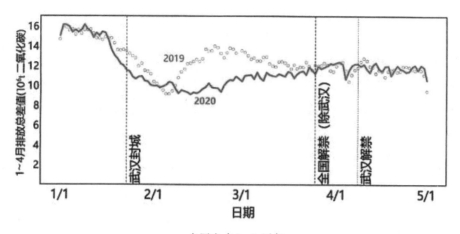

a.全国电力（-3.2%）

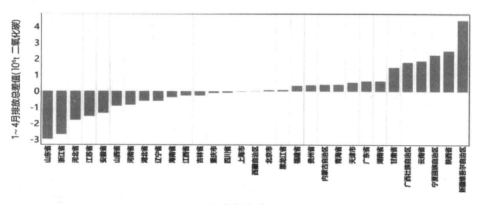

b.省级电力

图 3—17　新冠疫情对中国电力部门总排放及省级排放的影响

三、新冠疫情对中国工业部门碳排放的影响

对于我国工业部门,新冠疫情使碳排放量在 2020 年 1—4 月比 2019 年同期减少 $70.5 \times 10^6 \mathrm{t}$ 二氧化碳（下降 5.9%）。其中,2020 年 1 月,工业部门碳排放量与 2019 年 1 月相比下降了 6.4%。2020 年 2 月和 3 月,我国工业部门的碳排放量与 2019 年同期相比分别下降了 16.8% 和 8%。2020 年 4 月,碳排放量为 $364.99 \times 10^6 \mathrm{t}$ 二氧化碳,比 2019 年同期增长了 3.4%。在新冠疫情导致的封城期间（2020 年 1 月 23 日至 2020 年 3 月 25 日）,我国工业部门共产生 $481.12 \times 10^6 \mathrm{t}$ 二氧化碳,相比 2019 年同期减少了 13%（图 3—18a）。

在省级尺度(图3-18b)上,湖北以工业部门的排放为主。由于湖北受新冠疫情影响较重,湖北工业部门的碳减排量在2020年1-4月接近$4×10^6$t二氧化碳。而内蒙古、海南、重庆、北京、上海、天津、青海、陕西和新疆9个省(区、市)的工业部门的碳排量放在2020年1-4月相比2019年同期也有所减少。除以上省(区、市)以外,其他省(区、市)工业部门的碳排放量在2020年1-4月相比2019年同期均有所增加,其中增加最多的是山东和河南,碳排放增加量均超过了$2×10^6$t二氧化碳。

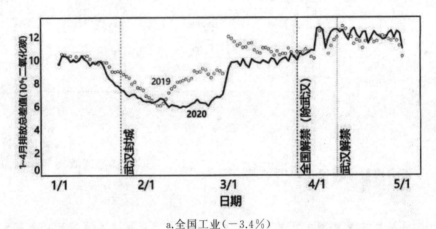

a.全国工业(-3.4%)

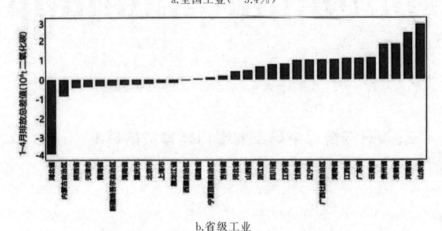

b.省级工业

图3-18　新冠疫情对中国工业部门总排放及省级排放的影响

四、新冠疫情对中国地面交通部门碳排放的影响

相比其他排放部门,新冠疫情对地面交通部门的影响更明显。2020年1-

4月,我国地面交通部门共减少排放 $84.2×10^6$ t 二氧化碳,相比 2019 年同期,碳排放量下降了 28%。值得注意的是,新冠疫情导致的严格防控措施对地面交通部门的碳排放量的影响已经超过了工业部门(减少排放 $70.5×10^6$ t 二氧化碳)。2020 年 3 月和 4 月,我国地面交通部门的碳排放相比 2019 年同期分别下降了 20% 和 16.3%(图 3-19a)。

在省级尺度(图 3-19b)上,我国 31 个省(区、市)的地面交通部门的碳排放量在 2020 年 1-4 月相比 2019 年同期均下降,其中下降最多的是山东,其减排量超过 $1×10^6$ t 二氧化碳,而浙江、河北、江苏的地面交通部门的减排量也超过了 $0.8×10^6$ t 二氧化碳。

五、新冠疫情对中国居民消费和航空部门碳排放的影响

居民消费部门的碳排放量占中国总二氧化碳排放量的 4.1%。2020 年 1-4 月,我国居民消费部门的碳排放量相比 2019 年同期下降了 2.3%($7.5×10^6$ t 二氧化碳)。在新冠疫情导致的封城期间(2020 年 1 月 23 日至 2020 年 3 月 25 日),我国居民消费部门的碳排放量相比 2019 年同期减少了 5%。2020 年 2 月和 3 月,我国居民消费部门的碳排量放相比 2019 年同期分别下降了 7.5% 和 17%。2020 年 4 月,居民消费部门的碳排放已经恢复到 2019 年同期水平,相比 2019 年同期上升了 7.3%(图 3-20)。

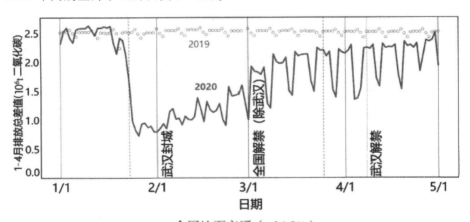

a. 全国地面交通（-24.5%）

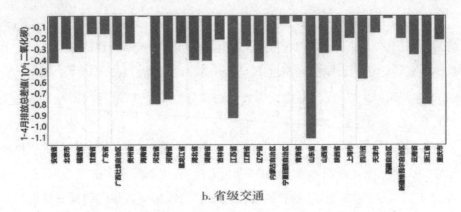

b.省级交通

图 3-19 新冠疫情对中国地面交通部门总排放及省级排放的影响

相比其他部门,新冠疫情对航空部门碳排放量的影响最强烈。2020 年 1—4 月,航空部门的排放相比 2019 年同期减少了 10.8×10⁶ t 二氧化碳,减少了 43.8%。2020 年 2 月、3 月和 4 月,碳排放量分别下降了 71.2%、56.4% 和 51.7%(图 3-21)。

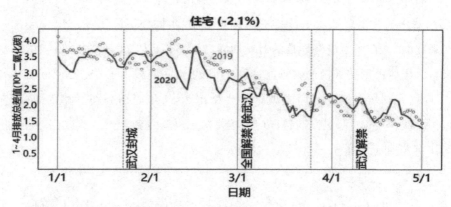

图 3-20 新冠疫情对中国居民消费部门排放的影响

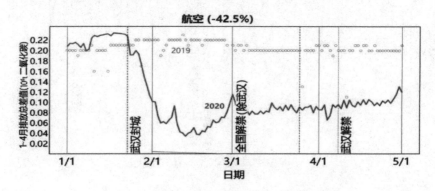

图 3-21 新冠疫情对中国航空部门排放的影响

第四节 未来碳排放的预期

未来碳排放的预期一般采用排放情景分析的方法进行研究。综合评估模型是排放情景分析的主要工具。经过多年发展,综合评估模型工具不断完善,能够对更为复杂的减排情景进行分析。利用综合评估模型,国际组织及中国的科学家分别评估了在 2℃情景和 1.5℃情景下全球和中国在未来的减排空间,以及在该空间下中国的减排情景和路线。

一、排放情景和路径转型评估模型工具

情景分析方法一般被用来建构排放的未来格局。情景分析是指在各种其他相关因素判断的情况下,给出未来年份温室气体的排放量。情景分析对于预测未来气候发展非常必要。

2014 年,在 IPCC 第五次评估报告中,提出了 RCPs(Representative Concentration Pathways)情景。RCPs 共有四个情景,分别为 RCP2.6、RCP4.5、RCP6.0 和 RCP8.5。这四种情景分别描述了四种温室气体浓度变化的曲线。其中 RCP2.6 描述的是到 2100 年全球温度较工业化时代前上升 2℃以内的情景。而 RCP8.5 描述的是到 2100 年温升 5℃的情景。RCP8.5 一般被认为是"无政策干预"的基线情形(Clarke et al.,2014)。IPCC 第六次报告提出了一套由不同社会经济模式驱动的新排放情景——共享经济路径(SSPs)。SSPs 包括5 个排放情景,分别为 SSP1 可持续发展情景、SSP2 中度发展情景、SSP3 局部或不一致发展情景、SSP4 不均衡发展情景和 SSP5 常规发展情景。

一般需要采用模型工具进行情景分析。模型工具是指采用一定的公式方程等数学方法描述排放与相关因素之间的关系,量化表达可能的未来情景下温室气体的排放。模型工具中数学方法主要依赖经济学中的宏观和微观发展原理,技术经济学发展原理,以及社会、经济、技术展望等方式确定。温室气体排放情景分析的模型工具经过多年的发展验证,研究方法不断改进,研究领域不

断扩展,取得了巨大的进步。

今天主流的温室气体情景分析的模型工具是综合评估模型(Integrated Assessment Model,IAM)(魏一鸣等,2013)。综合评估模型将气候系统和社会经济系统相结合,综合分析气候变化的损失、减排的成本,以及适应的成本,为决策者提供研究基础和应对策略。目前,全球开放的以应对全球变化为目的的综合评估模型多达 20 个以上,综合评估模型的分类也很多,有按模型规模进行的分类,也有根据综合评估模型中气候系统与经济连接方式进行的分类。常被讨论的有温室效应综合评价模型(the Integrated Model for the Assessment of the Greenhouse Effect,IMAGE)、气候与经济的动态综合模型(Dynamic Integrated model of Climate and the Economy,DICE)、碳排放轨迹评估模型(a model for Carbon Emissions Trajectory Assessment,CETA)、温室效应的政策分析模型(a model for Policy Analysis of the the Greenhouse Effect,PAGE)、全球变化分析模型(Global Change Analysis Model,GCAM)、全球对人为环境变化的反应(Global Responses to Anthropogenic Changes in the Environment,GRACE)等模型。

中国从 20 世纪 90 年代开始了针对我国环境经济特点的综合环境政策模型研究,其中发展比较早的是 IPAC－E 模型(中国和全球温室气体排放情景分析模型)(姜克隽,2018)。2018 年,由北京理工大学、国家信息中心、中国科学院上海高等研究院、清华大学、北京大学等多家合作单位联合开发的"中国气候变化综合评估模型(the China's Climate Change Integrated Assessment Model)"上线(IPCC,2018)。该模型为中国制定适应未来发展的气候变化政策提供了理论支持,为中国在未来国际气候谈判中拥有话语权提供了技术保障。

二、2℃和 1.5℃情景下全球和中国的碳排放空间

《IPCC 全球升温 1.5℃特别报告》(2018)指出,2℃的控温目标是以 2010 年的排放为基准,全球 2030 年要实现减排 20%,2075 年左右实现净零排放。1.5℃的控温目标是以 2010 年的排放为基准,全球 2030 年要实现减排 45%,2050 年左右实现净零排放,甲烷和黑炭在 2050 年实现减排 35%以上(IPCC,

2018)。该报告同时指出,截至 2017 年,实现 1.5℃温控目标的全球剩余碳预算还有 $7700×10^8$ t(50%的概率)或 $5700×10^8$ t(50%的概率),考虑到气候响应、历史温升贡献以及非二氧化碳减排水平,其不确定影响范围为 $3000×10^8$ t 左右。

全球温室气体的减排分配方案主要分为排放量分配方案和减排量分配方案。排放量分配方案是根据各个国家的人口或现有排放比例,从全球的排放量中获得的排放配额。减排量分配方案是根据各个国家的 GDP 占比或者历史累积排放占比,从全球所付出的减排努力中获得减排份额,再与该国 BAU 情景下的排放相减[①],得到该国的碳排放配额。按减排量分配的话,有些发达国家的碳排放配额可能为负值。这表明这些国家在过去的发展中挤占了其他国家的排放空间,透支了未来排放,欠下了气候债务。

之前有研究表明,中国与美国、欧盟和印度相比,减排力度相对较弱。尽管这些研究更多地低估了发达国家的历史责任,但是中国也确实面临着来自国际社会的巨大的减排压力。

三、中国减排情景和路径

目前国内的减排情景研究与全球 2℃温控下中国碳预算相匹配的不多。能够实现较大概率(66%以上)2℃温控目标的情景研究非常有限。有一些情景可以实现 2℃温控目标,但是只能达到 50%左右的可能性。针对全球 1.5℃温控目标下的中国减排情景研究也非常有限,目前涉及 1.5℃温控目标下的中国减排情景研究的模型只有 IPAC(Integrated Policy Assessment model for China)和 CGAM(Global Change Analysis Model)。这两个排放模型主要包括能源系统模型和土地利用排放分析模型(王勇等,2017)。对于能源部门而言,实现 1.5℃温控目标,需要大幅度提高中国可再生能源的比例。到 2050 年,可再生能源的比例要占一次能源比例的 42%~81%(姜克隽等,2009;姜克隽,2018)。

---

① "BAU 情景",可理解为"按原轨道发展""一切照旧"或"照常"情景。总的来说,BAU 情景是指从某个时间点起,在不附加任何针对性政策的情况下,按照原有轨道和趋势发展的经济社会路径。具体讲温室气体排放的 BAU 情景是指在照常经济社会发展趋势下所排放的温室气体。

对于工业部门,在 2℃ 温控目标下,工业部门相关的碳排放将在 2030 年左右达峰(高翔等,2012;Shi et al.,2019;Zhou et al.,2019;戴彦德等,2017;姜克隽等,2012)。在 1.5℃ 温控目标下,工业部门相关的碳排放或在近几年达峰。到 2050 年,工业部门相关的碳排放与 2020 年相比要降低 90% 以上(姜克隽等,2018)。值得注意的是,建材和纺织行业与钢铁、石油石化等行业相比将率先实现碳排放"达峰"。而由于烯烃等需求的大量增长,化工行业的二氧化碳排放量可能在未来持续增长。

在 2020 年联合国大会一般性辩论和气候雄心峰会上,中国首次提出了"3060 目标",即中国争取在 2030 年前实现碳达峰,在 2060 年前实现碳中和。

基于中国气候变化综合评估模型/国家能源技术模型(the China's Climate Change Integrated Assessment Model/National Energy Technology Model, C3IAM/NETM)模拟的 24 种情景分析表明,在 GDP 低速增长,能源系统中度减排的情景下,中国能源相关的二氧化碳排放有望在 2025 年实现碳达峰,峰值约 108×10^8 t;在 GDP 高速增长、能源系统中度减排的情景下,2030 年可以实现碳达峰。为了实现碳达峰,2020—2030 年中国二氧化碳年均增长率需要低于 0.4%,即年均新增二氧化碳排放量低于 0.5×10^8 t。

在能源系统大力减排,GDP 中度发展,2030 年开始部署碳捕集与封存技术(CCS)的情景下,能源系统在 2020—2030 年累计排放空间范围是 $(1160 \sim 1200) \times 10^8$ t 二氧化碳,能源系统需累计减排 234×10^8 t 二氧化碳,其中各行业的排放贡献率为:电力 42%,工业 35%,交通 17%,建筑 6%(余碧莹等,2021)。

基于世界与中国能源展望模型对参考情景(当前发展模式)和碳中和情景(绿色低碳的经济发展,捕集与封存技术大规模商业化,可再生能源使用比例不断增加)下碳排放趋势的研究表明:按当前发展模式,中国很难在 2060 年实现碳中和;在碳中和情景下,中国能源部门的碳排放将于 2025 年前后实现碳达峰,经过 5 年平台期后开始下降,2060 年将接近碳中和目标(王利宁等,2021)。

第四章　推进碳中和——科技赋能

实现碳中和,离不开绿色科技赋能,碳捕集利用与封存技术是关键。

为实现碳排放达峰后稳中有降,除了做好减法外,归根结底要通过科技创新赋能。鼓励碳捕集利用与封存技术等绿色原始技术创新,进一步加大科技创新力度,强化学科支撑作用,加快部署二氧化碳捕集利用和封存项目、二氧化碳用作原料生产化工产品项目,突破一批关键核心技术。

实现碳中和这一目标,在吸收侧的措施,除了植树造林,碳捕集利用与封存技术是关键。即使减排到最后,也还是要用到一部分化石能源,如何把这些化石能源产生的二氧化碳中和掉?植树造林效果有限,还是要依靠碳捕集利用与封存技术。

第一节　科技创新:实现碳中和愿景的核心基石

一、科技创新:实现碳中和的关键

气候变化是一个全球性问题,应对气候变化不是一国之事,也不是一国之责任,事关国内、国际两个大局。为了应对气候变化、推进生态文明建设、积极参与全球治理,我国"十四五"规划明确提出"制定 2030 年前碳排放达峰行动方案",进一步彰显了我国节能减排、应对气候变暖的决心。

从现实情况看,仅通过减少煤炭、石油等化石能源的使用来减少二氧化碳排放,很难实现碳达峰、碳中和。为了实现这一目标,我国必须从科技层面切入,鼓励碳减排等技术创新,明确技术发展方向,重新规划技术布局。

首先,二氧化碳减排力度将大幅提升。"国家自主贡献"目标要求"国家自主贡献"是各方根据自身情况确定的应对气候变化的行动目标,是巴黎气候协议的组成部分。

相对排放基准线的碳强度降低,想要实现碳中和,必须实现碳排放与碳汇相抵,对脱碳、零碳、负碳排放技术等提出了巨大的需求。

其次,能源供给侧与消费侧将发生巨大改革。一方面,工业、交通、建筑等能源消费部门要积极响应;另一方面,电力企业、燃料企业等能源供应企业要积极调整,创建负碳电力系统与零碳能源体系,利用先进技术对工业流程进行重塑,实现"近零排放"。

再次,经济社会发展既要保证能源资源安全,满足可持续发展目标,又要实现减排目标,因此必须实现区域、行业和整体的系统优化与集成,对经济社会的发展模式进行调整。

科技创新是实现碳中和目标的重要保障。近年来,国务院出台了很多应对气候变化的政策,政策中都着重提及了"科技创新"。例如,2021年1月环境部发布的《关于统筹和加强应对气候变化与生态环境保护相关工作的指导意见》指出,要"积极推动重大科技创新和工程示范""加强气候变化领域科技创新的能力建设、支持力度"等。为了响应党中央、国务院节能减排、实现碳中和的目标,地方政府与相关企业纷纷制定发展规划,拟定实现碳达峰与碳中和的各种路径,将相关科技创新作为实现碳中和目标的重要组成部分。

(一)从短期看,想要平衡经济发展与碳约束之间的矛盾必须借助科技的力量

目前,我国正处于转变经济发展方式、优化经济发展结构、转换经济增长动力的关键时期,面临着结构性、体制性、周期性问题,这些问题的影响在短期内将持续深化,再加上新冠肺炎疫情的影响,未来几年,我国要面临较大的经济下行压力。

与此同时,随着经济社会不断发展,工业化、城市化进程不断加快,能源资源的消耗持续增加,二氧化碳等温室气体的排放量也将持续增加。如果我国为了降低碳排放,在短期内大幅调整能源结构与产业结构,或者大幅降低能源供

应量,会对我国经济发展造成严重不良影响。为了在不影响经济发展的前提下实现碳中和,我国必须将目光转向科技领域,通过科技创新提高可再生能源在能源结构中的占比,减少交通、建筑等重点行业的碳排放,提高能源利用效率,改善制造工艺,用天然气等相对清洁的能源替代煤炭、石油等高污染能源。

(二)从中期看,经济低碳发展或者脱碳发展仍要依赖科技

在碳达峰、碳中和的背景下,我国碳排放空间被大幅压缩,无法再走高消耗、高排放的传统工业化道路,只能依靠科技创新发展低碳经济,转变经济发展方式,实现碳中和目标。我国要转变经济发展方式,必须改变传统的产业布局,大力发展技术密集型低碳产业,对传统高碳产业进行升级改造,在技术的支持下,促使经济发展模式由要素驱动向创新驱动转变,利用科技创新推动产业结构转型升级,根据市场需求推进技术研发,推进应对气候变化与低碳科技协同创新,避免高碳产业锁定,推动经济实现低碳或脱碳发展。

(三)从长期看,科技创新会直接影响我国在全球低碳市场上的影响力与竞争力

为了应对气候变化,世界各国都在积极推进低碳转型,在此形势下,低碳核心技术研发能力与储备、产业结构绿色转型是判断一国核心竞争力的关键。目前,西方发达国家都在碳中和相关技术领域积极布局,提高了全球贸易市场的准入门槛。

例如,欧盟提出要在2050年实现碳中和,之后又将2030年的碳减排目标提高了20%,即从比1990年减少40%提升到60%。与此同时,欧盟利用《欧洲绿色新政》积极推进绿色低碳技术研发,明确从2022年开始实施碳边境调节税。在此形势下,我国必须提前规划碳中和实现路径,加快推进碳中和相关的技术创新,在未来的国际竞争中抢占绝对优势。

二、碳中和愿景下的科技需求

从全球范围看,我国碳排放量高居世界第一,是美国的2倍多,是欧盟的3

倍多。因此,相较于其他国家来说,我国在减少碳排放方面,比发达国家面临着更严峻的挑战和艰巨的任务。除了用清洁能源代替煤炭、石油等化石能源外,我国还要大力发展低碳或脱碳技术,在技术辅助下减少二氧化碳排放。

根据国家能源局公布的数据,2020 年,我国二氧化碳排放总量约 97.1 亿吨,相比 2019 年减少了 17.9 亿吨,人均碳排放大约 6.9 吨,虽然相比往年有所下降,但仍比全球平均水平高很多。虽然我国已经提前完成了碳减排目标,即比 2005 年减少碳排放 40％～45％,但相较于大多数发达国家来说,我国的碳排放水平依然很高,在二十国集团(G20)中仅次于南非。

导致我国碳排放强度比较高的原因有两点:一是在我国的能源结构中,煤炭占比居高不下。据统计,在我国的一次能源消费中,煤炭消费占比大约为 57％,比全球平均水平 33％高很多。二是在我国的产业结构中,重工业占比较大。作为"世界工厂",全球超过 56％的钢铁、55％的水泥出自我国,这些行业的碳排放量非常高,而且很难实现净零排放。

(一)我国碳中和目标实现时间短、难度大,快速深度减排需要提前做好技术储备

相较于发达国家,我国实现碳中和的时间更短,必须充分发挥科技的作用。根据规划,从 2030 年碳达峰到 2060 年碳中和只有 30 年时间,而发达国家从碳达峰到碳中和至少用了 45 年,甚至耗费了更长时间。为了如期实现碳中和,我国必须在 2030 年之前实现碳达峰,而且要尽可能地降低峰值。碳达峰实现的时间越早、峰值越低,后期的减排压力越小,实现碳中和所用的时间越短。

很多发达国家的经济发展已经与碳排放脱钩,我国还没能实现这一点。因此,在发展低碳经济、推动传统产业脱碳的同时,我国还要兼顾经济发展,处理好碳排放约束与社会经济发展需求之间的关系,为经济发展注入新动能。为了降低后期的减排压力,我国要提前对碳中和实现路径进行部署,做好相关技术研发,利用先进技术实现高质量的碳达峰,满足快速减排的需求。

(二)现有减排技术供给不足,难以支撑我国实现碳中和目标

近年来,为推动节能减排和绿色低碳技术发展,我国出台了很多激励政策,

推出了很多科技项目,加大了在低碳/脱碳相关技术领域的投入,并积极寻求国际合作,在关键技术领域取得了重大突破,在颠覆性技术超前理论研究方面也取得了不错的成果。但仅依靠现有的低碳、零碳和负碳排放技术,我国很难在2060年实现碳中和。

文献计量分析显示,在零碳及负碳排放关键技术领域,我国发表的论文数量仅次于美国,位居世界第二,但单篇论文被引频次只有美国的1/3,在发文量排名前十的国家中排名倒数第一。而且从关键词看,全球对负碳排放技术的研究热度很高,我国稍显不足。为解决减排技术供给不足的问题,我国要提前对技术研发领域的供给结构进行调整,明确碳中和对相关技术的需求,对相关技术布局进行优化。

三、碳中和技术的发展目标与路径

我国碳中和技术发展的总体目标是为碳达峰、碳中和目标的实现提供切实可行、成本可控的技术支持。根据我国2030年实现碳达峰,2060年实现碳中和、2035年之前碳排放稳中有降的规划与目标,我国碳中和可以分为四个阶段来实现,分别是达峰期、平台期、下降期以及中和期。我国要根据不同阶段的碳排放特征与减排需求对减排技术进行部署,如表4—1所示。

表4—1　不同阶段碳减排技术的部署方案

阶段	具体措施
达峰期	碳达峰不能以损害经济社会的高质量发展为前提,必须兼顾经济社会发展。在这个阶段,各行各业要推广应用减排技术,提高可再生能源技术的占比,促使能效技术的潜力得到进一步释放,同时要提前对碳捕集、利用与封存(CCUS)技术,生物能结合碳捕获和封存(BECCS)技术等进行有序部署,以减轻碳减排压力,按规划实现碳达峰

阶段	具体措施
平台期与下降期	努力让经济发展与碳排放脱钩,使碳排放显著下降,同时要积极发力碳中和技术,对一些技术进行推广应用,让能源系统的碳排放逐渐趋近于零。在这个阶段,能效提升技术在减排方面的作用越来越小,碳减排的关键在于推广应用脱碳、零碳技术,促使脱碳燃料、原料和工艺大规模替代化石燃料与传统工艺,对负碳排放技术进行试点应用等
中和期	在这个阶段,我国社会主义现代化强国建设取得重大进展,绿色低碳的经济社会发展方式基本形成,碳中和技术处于世界领先地位,脱碳、零碳和负碳排放技术实现了大规模推广应用,为碳中和目标的实现提供强有力的支持

在我国各行业中,电力、工业、建筑和交通等行业的碳排放占比极高,这些行业需要根据自身的碳排放结构与发展的特异性选择所需的碳中和技术,同时减少非二氧化碳气体的排放,让整个社会实现零碳发展。

(一)电力部门

想要在 2060 年实现碳中和,电力部门必须做好减排工作。为了实现碳达峰,电力部门必须提高能效,扩大可再生能源的利用规模。在这个过程中,对于电力部门来说,如何保证高比例非化石能源电力系统的安全性和灵活性是一大挑战。为了解决这一问题,电力部门要积极引入各类减排技术与需求侧响应技术。随着电力系统的二氧化碳排放趋近于零,电力部门的减排不再依赖能效提高技术,开始将重点放在可再生能源及核能发电技术推广、CCUS 技术和BECCS 等负碳排放技术推广应用上。

(二)工业部门

工业部门的能耗高,碳排放也高,是碳减排的重点。在目前的技术条件下,工业部门想要实现碳达峰,必须采用相关技术减少能源消耗,提高产品的利用率,减少社会大众对工业产品的需求。未来,工业部门要积极革新生产工艺,开发可以替代传统原料的绿色原料,积极引进 CCUS 技术。随着各项技术不断成熟,其在碳减排方面的占比将发生一定的改变,主要表现为节能技术的贡献会逐渐下降,节材技术、工业原料替代、工艺革新与 CCUS 技术的贡献会不断提升,成为碳中和领域的主要贡献技术。

(三)建筑部门

目前,建筑部门的碳排放开始进入平台期,零碳解决方案逐渐成熟,可以率先进入去峰期实现近零排放。在 2030 年之前,建筑部门的碳减排主要依赖服务需求减量技术以及效率提升技术来实现。在这个阶段,建筑部门要对包括建筑电气化、光伏建筑一体化等技术在内的可以调整能源结构与可再生能源利用的技术进行提前部署。对于建筑部门来说,优化能源结构是实现近零排放的主要途径。未来,建筑部门可以利用建筑负荷柔性化技术对建筑负荷曲线进行调节,减小对电网的冲击,为未来高比例可再生电力发展提供强有力的支持。为此,我国要在这方面做好技术攻关,在 2035 年之前将这一技术推广应用。

(四)交通部门

交通部门的碳减排虽然潜力巨大,但难度也极高,即便在交通运输规模已经基本稳定的发达国家,也很难实现碳中和。交通行业想要尽早实现碳达峰,必须发展公共交通,优化运输结构,提高能源利用效率,推广应用生物柴油燃料技术等燃料替代技术以及交通用能供需匹配技术,缓解交通部门的供需矛盾。交通部门的碳排放很难达到零,即便进入碳中和阶段,航空与远洋航海依然会产生碳排放,需要采用一些技术进行中和。

现阶段,我国碳中和的重点在二氧化碳减排领域,在一定程度上忽略了对非二氧化碳气体减排与管控技术的研究。想要让非二氧化碳气体进入减排期,必须完全消除相关需求,或者用清洁的能源代替原有的需求,未来可以采用煤层气回收、工业部门尾气排放催化分解处理等末端回收和处置技术,让非二氧化碳气体实现近零排放。预计到 2060 年,仍然有部分非二氧化碳气体产生,需要采用一些技术进行中和。

四、未来零碳技术的突破方向

"十四五"时期是我国实现碳达峰与碳中和目标的关键期,需要对脱碳、零碳技术进行全面部署,积极推进零碳、负碳排放技术研究。具体来说要做到五点,如下所述。

(一)重点突破零碳电力技术

通过提高非化石能源在一次能源结构中的比重,积极研发储能、智能电网、虚拟电厂等技术,降低技术的应用成本,实现大规模应用,同时构建水、风、光等资源利用－可再生发电－终端用能优化匹配技术体系,做好相关技术研发,保证高比例可再生能源电网运行的灵活性与稳定性,推动工业、交通、建筑等行业尽快实现电气化,最终满足能源生产消费方式深度脱碳转型需求。

(二)加快推进零碳非电能源技术的研发与商业化进程

积极推进化石能源制氢＋CCUS等"蓝氢"技术、可再生能源发电制氢规模化等"绿氢"技术的研发与推广,同时提前部署其他氢能制备技术,推动生物质能、氨能等其他零碳非电能源技术发展,促使氢能、氨能、生物质能等与工业、交通、建筑等行业实现深度融合。

(三)继续发展节能节材技术与资源产品循环利用技术

积极研发新材料、新技术,推动现有节能技术与设备不断升级,提高能源的精细化管理水平以及能源利用效率,优化钢铁、水泥等基础材料的性能,推动它们实现绿色转型,减少对钢铁、水泥、化工等产品的需求量,提高这些材料的利用率,积极推进电能替代、氢基工业、生物燃料等技术的研发与应用,包括氢能炼钢、电炉炼钢、生物化工制品工艺等,加速推进以二氧化碳为原料的化学品合成技术研发。

(四)超前部署增汇技术和负碳排放技术

积极推进 CCUS 关键技术、BECCS、直接空气捕集(Direct Air Capture,

DAC)技术及工业、电力等领域的集成技术研发,对太阳辐射管理等地球工程技术进行全面探索,对其综合影响进行评估,大力发展农业、林业草原减排增汇技术,海洋、土壤等碳储技术,海洋蓝碳技术等,推动这些技术实现推广应用。

(五)推动耦合集成与优化技术发展,并进行试点应用

碳中和目标的实现需要能源体系实现零碳转型升级,工业产品实现绿色低碳发展,各终端消费部门实现近零排放。为了实现这一目标,相关部门与行业要时时关注脱碳、零碳和负碳排放技术的发展,对这些技术的发展进程进行科学评估,促使不同技术单元实现集成耦合,各项技术的减排潜力得到充分释放,与非二氧化碳气体的减排相配合,推动社会经济全链条实现低碳或者脱碳发展。

五、推进碳中和科技手段

(一)实现碳中和愿景科技手段——GIS

据中国气象局发布的《中国气候变化蓝皮书(2022)》显示,全球变暖趋势仍在持续,而中国已成为全球气候变化的敏感区。近30年来,暴雪、洪水、热浪、海平面升高等极端天气的出现,让全球气候治理备受关注,如何解决这一问题迫在眉睫。

1."双碳"重压下的多路并行

全球气候变暖这种与自然有关的现象,主要是由于温室效应不断积累而形成的,造成这一现象的主要原因来自于人类发展过程中焚烧化石燃料,诸如石油、煤炭等,并对森林滥砍滥伐,无法对空气中的二氧化碳进行中和作用所导致的。鉴于此,中国于2020年明确提出了"碳达峰"与"碳中和"的目标,国务院、财政部、教育部等国家部委先后颁布了9份国家级"双碳"政策。

此外,在由科学技术部、国家发展改革委、工业和信息化部、生态环境部、交通运输部等九部门印发的《科技支撑碳达峰碳中和实施方案(2022—2030年)》中,提出了支撑2030年前实现碳达峰目标的科技创新行动和保障举措。这足

以说明,借助科技的力量可以更好地、有效地实现"双碳"目标。

要实现"双碳"目标,主要解决的问题来自工业建设与自然环境之间的矛盾,这其中包括国土空间规划、自然资源管理、环境治理、城市规划、智慧城市、智慧交通等。作为与这些有着紧密联系的GIS,可以更好地调和矛盾,推动"双碳"目标的达成。

接下来,让我们来聊一下GIS在"双碳"方面都能发挥哪些优势!

2."双碳"下的GIS担当

国土空间规划方面,GIS在国土规划过程中主要应用在基础数据库建设、国土规划编制、研究分析工作辅助和信息交流平台构建方面。基础数据建设上,要从三调数据库进行,根据基础数据的国土空间规划用途进行分类,打造国土空间规划全国上下"一张图"系统。利用GIS系统对国土空间规划中实施、监测、审批、评估预警以及编制过程中的规划数据、社会经济数据、现状数据进行有效管理。国土规划编制上,利用GIS工具中的格栅分析,并结合《双评价技术指南》完成评价工作。同时,提高在GIS在大数据分析上的能力,从而协助国土空间规划工作。研究分析工作辅助上,GIS工具可作为分析工具对国土空间规划的各个层级、层级数据进行分析评价。

总而言之,GIS作为实用工具为国土空间规划带来了极大便利,利用GIS技术可完成国土空间规划中平台建设、空间研究、空间规划编制、建立基础数据等各项基本工作,为实现"双碳"目标奠定了数据分析基础。而基于Geoscene平台的机器辅助三维城市规划决策模块,可服务于国土空间规划编制、审批、实施和监督全过程,综合建设工程的周边环境,辅助开展建设工程规划设计情况的评估、调整和优化,为规划方案评审提供直观、生动、全面的辅助决策支持服务。

除了对国土空间进行合理、有效的规划外,还需要将"双碳"目标融入自然资源管理中。通过GIS技术可以更好地为自然资源管理中大量、复杂、冗余的数据信息提供支持,对资源的使用进行合理规划,提高了自然资源管理的效率,使自然资源管理更加高效合理。将GIS应用在自然资源管理中打破了传统自然资源管理模式,提升了自然资源管理效率。GIS技术不仅为自然资源管理提供了统一的数据信息支撑,提高了自然资源管理的精细化水平,而且为自然资源管理的不同内容提供信息支持,达到强化自然资源管理的目的。

目前,已将GIS技术用于工业污染管理、环境污染监测、湿地保护、臭氧层监测、水质监测、环境资源分析、生物资源分析、水污染源分析、空气质量评估和建设许可评估等方面。在GIS能力中,三维GIS技术以丰富的数据资源和强大的空间表达能力,成为自然资源信息化发展的关键。与二维GIS相比,三维GIS更直观、立体地展现了从地上到地下、从室内到室外的现实场景,数据表现效果更好,信息载荷量更大,分析方式更丰富、灵活,是未来GIS技术发展的重要方向。

3.未来已来,GIS是机会还是挑战

城市化建设的加快是造成全球气候变暖的"原罪",如何实现城市发展与自然环境的平衡,是亟需解决的主要问题。所谓智慧城市,是推进包括地理信息技术在内的新一代信息技术与城市现代化深度融合、迭代演进,提升城市治理能力,从而为市民提供更美好的生活和工作服务的具体措施与体现。而城市本身,同时也是"双碳"目标实现的最大应用场景,因而,智慧城市建设可以成为"双碳"战略全面展开的强有力抓手。在政府侧,以CIM平台、实景三维等强GIS属性智慧城市底板为支撑,可以建设全产业链空间覆盖的碳交易平台,以及提升城市治理效率的"城市大脑"、运营服务管理平台等;在企业侧,物联网+GIS应用智慧工厂、智慧园区平台同样在支撑建材、钢铁、化工等高排放企业以及能源企业重塑组织和流程,提高效率、降低能耗、降本增效;在居民侧,建设精确管理到每一层每一户的建筑能耗监测/智能控制系统,让居民消费习惯绿色化,使节能环保、绿色健康的生活方式深入人心。智慧城市在带来城市治理高效、居民生活便捷的同时,也在通过城市的数字化转型实现各种生活场景的节能减排。

在生态环境领域,利用GIS平台能够将环境中的碳排放和碳吸收情况进行直观地空间化展示。通过模型计算的企业或区域碳排放/吸收的核算结果,在地图上不仅可以实现静态的展示,包括能源消耗情况、企业碳排放情况、高排放区等,还可支持区域碳排放动态展示,例如能源消耗量、碳排放量时间动态展示、GDP、人口等经济社会指标时间动态展示,不同政策情境下未来碳排放量预测展示等。同样,在碳吸收方面,GIS平台能够实现碳吸收变化率空间格局的图斑展示、不同生态系统类型占比、不同行政单元碳吸收量排名展示，以及未来不同气候变化和管理情景下生态系统碳吸收变化展示。

总体来看，GIS技术还可以在更多方面发挥作用，同时可与其他技术手段相结合，从而助力"双碳"目标的实现。GIS作为信息化建设的重要基石，为科学、高效地发展循环经济和进行生态环境管理提供了技术支持，在"双碳"的大背景下，为GIS技术的创新发展提供了依据。

（二）实现碳中和愿景科技手段——卫星遥感技术

2020年9月，中国提出2030年"碳达峰"、2060年"碳中和"的目标。作为全球碳排放总量占比最高的国家，中国对碳中和的承诺是全球应对气候变化进程中的里程碑事件，具有巨大和深远的意义，也是中国对"人类命运共同体"建设的最实质性贡献。全球CO_2浓度分布的空间格局和时间变化是人为活动导致的CO_2排放（碳源）、生态系统的净碳吸收（碳汇）以及大气传输作用的综合结果。开展全球CO_2监测、解析碳源汇分布情况和变化趋势，已成为气候变化研究的核心科学问题之一，对于制定减排目标和落实减排成效具有重要的支撑作用和现实意义。对我国来说，"碳达峰、碳中和"作为时间紧迫的国家战略目标，同时也是排放与吸收的中和过程，定量化监测、精细化评估是非常重要的环节。

相对于传统的地面监测和人工核查手段，卫星遥感具有覆盖范围广、获取周期短、更新速度快、限制条件少等优点，可以快速准确地反演CH_4、CO_2等大气参数的时空分布，也可以精确评估生态系统的固碳能力和价值。2021年联合国政府间气候变化专门委员会（IPCC）第六次评估报告，第一工作组的报告《气候变化2021：自然科学基础》对卫星遥感技术给予厚望："通过卫星遥感、地面探测传感器等技术，拓展对温室气体立体观测和网络功能布局；进一步完善气候系统综合监测体系；基于卫星观测数据，研发主要温室气体浓度变化产品，研制全球和中国区域植被、海温、冻土、积雪长时间序列气候数据集等。"国务院2021年10月印发的《2030年前碳达峰行动方案》也明确指出："推进碳排放实测技术发展，加快遥感测量、大数据、云计算等新兴技术在碳排放实测技术领域的应用，提高统计核算水平。"随着传感器技术的发展，卫星遥感的空间分辨率也越来越高，时间序列越来越完整，在碳源碳汇监测和评估等领域的应用也将越来越广泛。

1.碳监测卫星与星载传感器

星载CO_2观测包括热红外通道和短波近红外通道两种探测方式。2002年欧洲航天局(ESA)发射的ENVISAT卫星中搭载的SCIAMACHY传感器,首次实现了短波近红外通道的全球范围CO_2遥感监测,但由于其CO_2的探测精度低于14ppm,难以满足全球变化研究和碳盘点等实际需求。由日本宇宙航空开发机构等单位研制的GOSAT卫星于2009年1月发射升空,是世界上首颗能够业务化的全球温室气体探测卫星。轨道碳观测卫星-2(OCO-2卫星)由美国NASA研制开发,其提供的主要产品量化了地球表面到大气层顶空气柱中CO_2的平均浓度。我国于2016年12月成功发射了全球CO_2监测科学实验卫星(简称碳卫星,TanSat)。TanSat搭载的高光谱温室气体探测仪可以观测大气中CO_2的光谱吸收特征,同时还可以监测全球植被叶绿素荧光,估算全球陆地植被生产力。2018年5月高分五号(GF-5)卫星成功发射,共搭载了包括大气主要温室气体监测仪(GMI)在内的六台有效载荷。2021年9月,在太原卫星发射中心发射的高分五号02星作为《国家民用空间基础设施中长期发展规划(2015—2025年)》中的一颗业务星,其温室气体监测仪GMI-II在GMI的基础上进行了优化设计,CO_2探测通道信噪比、光谱带宽等关键指标得到进一步提升和改善。2022年4月,我国成功将大气环境监测卫星发射升空,该星也是全球首颗搭载主动激光雷达CO_2探测的卫星。2022年8月4日,我国首颗陆地生态系统碳监测卫星"句芒号"发射成功,该星配置多波束激光雷达、多角度多光谱相机、超光谱探测仪等载荷,支持获取植被高度、植被面积、大气PM2.5含量等数据,有助于提高碳汇计量的效率和精度。

由于覆盖频次、空间分辨率等指标的不足,第一代碳卫星在支撑全球碳盘点以及我国双碳政策期望的业务应用还有明显差距。为此,世界各国都在大力研制更精细化、主被动结合、宽幅覆盖的下一代碳卫星,如英法联合开发的MicroCarb、NASA的GeoCarb、ESA的CO_2M,以及我国的空基"十四五"高精度温室气体综合探测卫星(DQ-2)和下一代碳卫星科学计划。未来必将是一个碳卫星及遥感监测科学高速发展的时期。传统上,国内外对于"碳"卫星的理解和称谓主要是面向人为碳排放的温室气体载荷。而针对山河林田湖草沙等生态系统固碳能力评估的遥感手段除了需要"碳"卫星支撑外,更需配合归一化植被指数、净初级生产力、总生产力以及地表覆被类型等生态参数进行计算。这些参数的卫星观测技术已经相对成熟,可用于观测这些参数的卫星有:美国的Landsat系列、AQRA、Terra卫星搭载的MODIS载荷,以及ESA的Sentinel系列卫星等。

2.碳遥感的市场和需求分析

在气候变化宏观背景下和双碳目标的大力推动下,我国的碳监测市场空间广阔、潜力巨大,市场规模有望达到百亿级。目前,中国的碳排放监测主要模式为"政府牵头,企业参与,多方推进落实"。未来卫星遥感助力我国"双碳"政策可以从以下三个层面实现:

(1)政府层面。政府作为碳市场的管理者,需要根据碳排放的观测数据制定环境治理目标和发布节能减排任务,可以期待未来各级政府每年都会发布大量的碳排放监测招标项目。因此,面向政府用户,尤其针对全国、省、市、县各级的发改、环保、气象、电力、林业、农业等政府部门,卫星遥感可以从智慧城市下属的业务领域,通过建立数据引擎和软件平台,提供数据与软件销售等服务。据统计,目前政府层面面向"碳中和"以及利用卫星遥感的智慧城市建设完成尚不到10%。假设以每个城市千万级计,全国三百多个地级市的业务规模在数十亿以上市值。

(2)企业层面。企业作为碳循环过程中最主要的排放单元,是未来监测和治理的重点领域。目前,中国企业在应对气候变化和碳减排方面工作的总体还处在初级阶段,绝大多数企业还不了解自身的碳排放情况,更没有具体的碳减排和碳中和的规划。将卫星遥感结合地面探测手段进行配合工作,帮助企业建立碳排放的边界核算指标和碳中和反演产品,以此来量化企业的碳排放节能减排成效、平衡经济效益和节能减排之间的关系。在中国,实现碳中和的重点领域涉及众多需要碳排放监测技术支撑的企业,保守估计每年市场份额在数十亿以上。

(3)社区和个人层面。个人作为碳循环过程中最小的排放单位,也是碳市场的需求终端。未来,以人的健康需求为导向,开发面向社区和个人的碳监测产品,在APP、微信小程序等终端分发信息,一方面提供面向社区低碳生活的空气质量、水质、植被等实时动态环境情况,展现居住地的现状和历史演变;另一方面提供面向过敏性鼻炎、哮喘等与环境因素相关的疾病人群(我国 2 亿人以上),可以有效地帮助用户规划出行路线,规模可达几十亿级。

3.碳遥感的应用领域

(1)助力碳源(排放)精细监测。针对人为碳排放的精细化监测,是评估碳中和状态的关键,也是国内外主流碳卫星研发的初衷。产生温室气体的行业和领域众多,目前我国碳中和关注的八大重点领域包括电力、交通、工业、新材料、建筑、农业、负碳排放以及信息通信与数字化,这些领域以后也是卫星遥感实现碳盘点和开展典型应用的优先示范。碳排放遥感监测首先需要解决 CO_2、CH_4、N_2O 等柱浓度的高精度反演;其次需要研发自上而下的温室气体排放清单计算方法,实现面向不同领域(部门)的碳排放精细化计算。

(2)助力碳汇(吸收)定量核查。由于大面积宏观监测手段的缺失,导致我国碳汇总量评估的不确定性非常大,在几十亿吨(8 亿~30 亿吨)之间波动。长期以来,我国生态系统的碳汇评估在国际上没有话语权,大大提高了未来碳中和的实现难度,增加了经济发展负担。所以,如何促进卫星遥感在固碳能力监测和第三方核查方面发挥引领作用,也是下一步发展的重点。具体而言,可以发展面向森林、草地、沙地、湖泊、湿地、河流、海洋等领域的高精度、高时效、高分辨率的遥感监测技术,为未来我国在气候变化谈判、国际碳交易等方面提供量化依据和技术支撑。

(3)助力清洁能源高效利用。未来世界进入双碳时代,意味着各个国家从“资源依赖型”逐步走向“技术依赖型”。目前清洁能源的高效开发和利用,还需要精准监测和快速预报能力的大力支撑。通过提供面向清洁能源精准监测和预报的卫星遥感产品,例如面向海上风场的遥感监测、面向光伏产业的太阳辐射遥感监测、面向水电站的河流水量遥感监测等,能够大幅度地提升并挖掘风光水核等清洁能源的应用潜力。

(4)助力低碳社会快速发展。碳中和涉及社会经济的各个方面,低碳未来已经成为社会经济发展的一个重要方向。通过发挥卫星遥感覆盖广、限制少等优势,可以广泛应用于智慧城市、企业园区、现代农业、宜居社区、个人碳足迹和碳积分等低碳社会的方方面面。

（5）助力卫星对地观测下的碳指标监测体系制定。目前,卫星对地观测体系下的碳指标监测标准制定还是相关领域的研究空白。为了推进我国碳监测体系规划和系统论证,中科院空天院联合国防科工局重大专项工程中心等多家单位,制定并发布了《卫星对地观测下的碳指标监测体系》团体标准（http：//www.ttbz.org.cn/Home/Show/38104）。

4.问题与展望

（1）存在的主要问题

自我国于 2016 年 12 月发射碳卫星以来,利用卫星数据进行碳源汇观测也仅仅发展了短短几年,仍然存在很多问题。如:早期发射的碳监测卫星由于受整体探测能力的限制,存在覆盖范围和分辨率之间的平衡问题,反演结果难以反映局部区域的碳排放变化情况和空间分布格局;碳监测卫星尚未形成系列化发展,利用卫星进行碳监测应用尚处于初期阶段,在碳汇精准评估、碳交易等方面的业务落地还比较欠缺等,不能满足目前碳遥感需求。总之,卫星遥感支撑"碳达峰、碳中和"的研究和应用力度还需不断加强。

（2）碳遥感技术展望

①发挥国家重大遥感工程和相关遥感单位在双碳战略中的引领作用。为了使遥感技术更加有效地助力碳源碳汇的精准监测和定量评估,必须与国家民用空间基础设施、航天强国等重大工程与重大战略紧密结合,发挥相关国家级遥感单位的引领作用,加快我国空间信息与应用技术发展,积极支持区域示范应用,满足双碳战略在国民经济建设各方面的需要。

②研制新一代碳监测遥感卫星,形成国际虚拟碳监测星座。为了应对日益严峻的气候变化,欧美日等发达国家和地区一直积极推进新一代的碳监测卫星研发和应用,不断发展星载碳监测的理论基础和技术体系。"十四五"期间,我国也将重点研制宽视场、高分辨率、高精度,特别是满足 0.5ppm 大气 CO_2 监测需求的温室气体卫星载荷。虽然新一代卫星探测能力得到提高,但是任何单独的卫星都无法达到全球范围精细化探测的要求。因此,需要将不同国家、不同轨道的碳监测卫星组成一个虚拟的星座,这是满足快速增长的全球业务化观测需求的最有效途径。

③发展基于卫星遥感的"自上而下"温室气体排放清单反演和校验技术体

系。考虑到目前采用统计核算等方法建立的温室气体排放清单普遍存在更新周期长、精细化程度低等缺点,在解决污染背景下的 CO_2、CH_4、N_2O 等柱浓度定量反演的基础上,需构建"排放—浓度"约束方法,实现高时空分辨率温室气体排放清单的快速反演。同时针对不同国家、区域、行业等应用场景,研发面向统计核算数据的排放总量、变化趋势、关键过程、空间分布的多维度校验技术,为未来碳排放监测数据的质量控制和计量精度评判提供基础技术参考。

④深化人工智能、物联网、区块链等新技术在碳遥感监测中的应用。碳浓度/排放与地球表面的各种生物、物理、化学参数都有着密切联系,是一个极其复杂的循环系统。人工智能具有强大的信息处理能力,以及将复杂问题抽象化的能力。因此在遥感监测的基础上,采用 AI 手段来模拟碳排放和浓度之间的复杂过程,将成为未来碳监测领域的一个研究热点。考虑到目前全球监测温室气体的站点不足 300 个,所以如何基于物联网、大数据等技术,实现碳排放统计核查等基础数据的快速采集,可以为卫星遥感提供模型建模和交叉验证的重要数据源。基于区块链等技术,通过构建耦合卫星遥感等观测手段,能够实现碳排放数据的安全存储、快速清洗、高效汇总、上链存证等功能。

⑤形成"星空地"一体化的碳监测和评估平台。充分发挥星空地不同观测手段的优势,形成一体化立体监测系统。从星基角度,利用卫星遥感覆盖面广、时间连续等特点,主要针对全球、国家和区域范围,实现对不同时间尺度(小时、日、月、年际)的监测和趋势分析。空基角度,主要利用无人机和车载走航等技术,针对企业园区等碳监测核心敏感区,实现精细化立体监测。地基角度,通过整合地面站点数据、微型传感器数据等设备和数据,实现更加精细化的连续实时探测与解析。

第二节 绿色生活:社会治理与生活方式的变革

一、绿色消费:节约资源,低碳生活

在整个碳排放流程中,消费是最后一环。我国想要如期完成碳达峰、碳中和目标,必须聚焦消费端,从亿万民众的普通生活着手,让碳减排理念深入他们的日常生活与消费,改变他们传统的生活方式与消费行为。

某研究机构对欧洲居民日常消费过程中产生的碳排放进行调查研究发现,在所有因消费产生的碳排放中,交通运输占比 30%,餐饮占比 17%,家庭生活占比 22%,家居及生活用品占比 10%,衣服占比 4%。由此可见,在消费端的碳排放中,吃、住、行三个环节的碳排放占比较大。下面,我们对饮食、家居这两个最有可能实现碳减排的环节进行重点讨论。

(一)绿色饮食

在其他条件不变的情况下,在居民的饮食结构中,素食产生的碳排放远远低于肉食。其原因主要在于动物在成长过程中对食物的利用率比较低,会造成一定程度的浪费,再加上动物会排放甲烷类气体,最终造成较高的碳排放。即便同为肉类,牛肉、羊肉在生产过程中产生的碳排放大约是鸡肉、猪肉的 4 倍。

在西方国家的饮食结构中,肉类占比极大,肉类消耗所产生的碳排放在饮食碳排放中的占比达到了 56.6%。而在中国人的饮食结构中,小麦、水稻等主食占比较大,肉类占比较小,肉类消耗所产生的碳排放在饮食碳排放中的占比大约为 36.6%。

据预测,随着膳食结构的优化调整,到 2030 年,仅饮食习惯就可以减少6621 万吨的碳排放,对碳达峰、碳中和目标的实现具有重要的促进作用。

(二)杜绝浪费

目前,在消费端,食物浪费现象非常严重,尤其是宴请、聚餐等场合。根据

《中国城市餐饮食物浪费报告》,朋友聚餐每餐每人浪费食物大约为 107 克,商务宴请平均每餐每人浪费食物大约为 102 克,浪费率极高。另外,食物浪费还与餐厅规模有关,大型餐厅平均每餐每人浪费食物 132 克,比平均水平要多 93 克。相比之下,小型餐厅与快餐店的食物浪费要少很多,平均每餐每人浪费食物分别为 69 克和 38 克。

(三)绿色家居

根据国际能源署的统计数据,在居民日常生活的碳排放中,家庭生活的碳排放占比超过了 20%。家庭生活的碳减排没有统一的方案,一方面要依靠碳减排技术的发展、能源结构的改善,另一方面需要居民养成绿色消费习惯,逐渐减少碳排放。

密歇根州立大学研究表明,随着房屋节能改造、家电更新维护、晒干代替烘干、降低热水温度等绿色生活方式不断推行,家庭生活的碳排放可以减少 15%。另外,做好垃圾分类也有利于碳减排。

(四)支持环保

未来,随着居民的环保意识不断增强,消费模式不断改善,也有助于减少碳排放,实现碳中和的目标。

例如,减少外卖包装消费。目前,我国的外卖市场仍处在高速发展阶段,2020 年中国在线外卖市场规模为 6646.2 亿元,同比增长 15%。大部分外卖包装盒、包装袋是一次性的,用完即弃,造成了严重的环境污染,是餐饮行业碳排放的重要来源。如果用可以重复使用的包装袋取代一次性塑料袋,就可以极大地减少环境污染,减少碳排放。

在外卖包装中,塑料是最主要的包装材料。美团外卖调查发现,在外卖餐盒和包装袋中,塑料材质占比超过了 80%,其中大部分为聚丙烯和聚乙烯等普通塑料。目前,在外卖包装废弃物处理方面,我国还没有形成完整的链路,常用的处理方式是焚烧、填埋,这个过程会排放大量的二氧化碳。虽然目前我国已经出现了一些可降解的包装材料,但因为相关技术不成熟,成本较高,导致这些材料还没有实现大规模应用,外卖包装污染问题亟须通过其他方式予以解决。

除此之外,居民还可以减少一次性筷子、一次性纸杯的使用,多购买电子书等。随着居民的环保意识不断增长,日常生活产生的碳排放必将大幅下降,为碳达峰、碳中和目标的实现提供助力。

二、绿色经营:循环利用,提质增效

企业在节能减排方面也有很大的发力空间,包括产品创新、提效降耗、回收利用等,可以引导居民绿色消费,释放绿色消费在碳减排方面的规模效益,对碳达峰、碳中和的实现产生积极的推动作用。

(一)产品创新

产品创新可以在一定程度上减少家庭能源消费。我国家庭能源消费以电能、天然气、煤炭为主,其中电能的消耗量最大。随着家用电器越来越多,家庭生活的用电量不断增长。因此,想要减少居民用电的碳排放,关键在于优化电能结构,大力发展风能、太阳能、水电等清洁能源发电,提高清洁电能在我国电能结构中的占比,减少煤电占比。

此外,家电生产行业可以提高家电能效标准,通过这种方式减缓家庭用电量的增长速度。一方面,我国家电生产企业要提高新家电的能效水平,尤其是空调、中央空调等用电量较大的电器;另一方面,家电企业、商家可以开展家电以旧换新活动,鼓励居民淘汰旧家电。因为家电使用的时间越长,平均能效水平就越低,单台家电的能耗就越高。

为了实现节能减排,家电行业推出了很多方案,例如使用变频技术提高空调、冰箱、洗衣机等家电的能效水平;使用太阳能热水器或者冷凝燃气热水器减少耗电量,提高能源利用效率;使用 LED 灯取代传统的节能灯、白炽灯,减少电能消耗等。在碳达峰、碳中和背景下,这类产品创新将越来越多。

(二)提效降耗

在生产环节,原材料损耗也会带来较大的碳排放。以家具行业为例,家具行业利用智能制造技术,开展柔性化生产,可以极大地提高木材利用率,减少碳排放。

我国木材消耗量排名世界第二,减少木材消耗、提高木材利用率是减少碳排放、实现碳中和的重要举措。树木可以吸收二氧化碳,研究显示,一棵树一年可以吸收大约21.8公斤的二氧化碳。根据中国林产工业协会和前瞻产业研究院公布的数据,近十年来,我国木材消费总量以173%的速度增长,其中家居家装领域的木材消耗占比持续升高。在家居家装领域的木材消费结构中,占比最高的是人造板,大约为32.99%,实木类家具占比大约为3%。由此可见,家具行业提高木材的利用率,使用其他材料代替木材,可以有效减少碳排放。

(三)回收利用

回收利用是一项有效的碳减排措施,需要政府、企业、居民共同参与,这里我们主要讨论产品包装以及快递包装的回收利用。想要对产品包装进行回收利用,先要优化产品包装,而这需要生产企业积极参与。

首先,优化产品包装要减少塑料使用。《自然气候变化》发布的一份研究结果显示,如果塑料产量的增长率降至2%,到2050年,塑料制品的碳排放可以减少56%。随着新型可降解塑料产品快速发展,在产品包装领域广泛应用,可以有效减少消费端的碳排放。

其次,优化产品包装要做到减少过度包装。我国很多行业都存在过度包装的问题,例如茶叶、白酒、月饼等。以白酒为例,近年来,随着消费者消费理念的转变,光瓶酒取代盒装酒,玻璃瓶取代陶瓷酒瓶成为主流趋势。微酒调研发现,2016—2020年,我国光瓶酒市场规模复合增速达到了20%,预计未来五年,光瓶酒市场规模将保持15%的增长速度。

光瓶酒取代盒装酒、玻璃瓶取代陶瓷瓶可以有效减少白酒外包装生产过程中的碳排放。相较于陶瓷瓶来说,玻璃瓶回收更简单,因为碎玻璃的熔化温度低于新制玻璃所需温度,而且更易于重新造型,整个过程产生的碳排放相对较少。

废弃物回收再利用可以直接减少碳排放,因为相较于重新制造以及废弃物填埋所产生的碳排放来说,废弃物回收再利用产生的碳排放更少。相关研究表明,每回收1吨废弃物,最多可以减少8.1吨的碳排放。当然,材料不同,回收再利用的碳减排效果也不同。对于塑料来说,分类回收可以提高回收再利用的效率,将单位碳排放减少 50%～100%。

电商、快递行业的快速发展给人们的生活带来了诸多便利,但快递包装造成了不小的环境污染,给城市清运带来了一定的挑战。目前,具体来看,快递包装主要面临着以下问题:回收率较低、过度包装、二次包装、可降解塑料利用率低。为了解决这些问题,可以采取四大措施,分别是包装减量(Reduce)、重复使用(Reuse)、回收利用(Recycle)和使用可降解塑料(Degradable),这些措施简称"3R1D"。

1.包装减量

指的是在不损害包装对产品的保护作用的前提下尽量减少包装材料的用量,例如电商快递减少二次包装,2025 年所有电商快递都要做到不进行二次包装,还可以利用智能包装算法提高包裹的填充率,减少包装体积。

2.重复使用

指的是包装材料要具备多次使用的功能,尽量不使用一次性材料,例如使用循环快递箱和循环中转袋。根据邮政局的统计,2019 年,我国投入使用的循环快递箱有 200 万个,预计到 2025 年将达到 1000 万个。

3.回收利用

指的是对快递包装材料进行回收,通过加工将其转变为新的快递包装材料,例如瓦楞纸回收再造纸浆等。

4.使用可降解塑料

利用可降解塑料代替一次性塑料,例如使用以植物淀粉为原料的淀粉基塑料和聚乳酸 PLA,减少塑料回收处理产生的碳排放。

三、绿色城市:探索低碳增长新路径

在碳达峰、碳中和背景下,绿色低碳发展是城市发展的主流趋势。地区发展水平不同,碳排放程度不同,资源禀赋不同,选择的绿色低碳发展路径也不同。因此,各地区要根据自己的实际情况,制定绿色低碳发展方案。

(一)推动资源型城市可持续转型

过去的几十年间,在以资源产业为主要驱动力的发展模式下,一些资源型城市实现了快速发展,但这类城市的发展严重依赖资源部门,产业结构单一,而且不太重视创新。随着资源枯竭,这些城市也逐渐失去了发展动力,而且要应对不断恶化的环境问题。推动这类城市实现绿色低碳发展,可以从以下两个方面着手。

1.构建资源型城市转型的长效机制

资源型城市的转型发展要经历一个漫长的过程,因此政府要建立长效发展机制,包括资源开发补偿机制、替代产业发展的扶持机制等。为了推动替代产业快速发展,政府还可以设置专项基金,尽快完成对传统资源类产业的替代。

2.实施绿色投融资政策,推动传统产业链改造升级

资源型城市要合理利用投融资政策,积极引进绿色投资,并为致力于绿色创新的企业提供便捷的融资服务,积极探索绿色金融,不断完善绿色金融项目标准及评估办法。

(二)创新制造业城市绿色发展模式

制造业的能源消耗非常大,在碳中和背景下,制造业在节能减排方面要完成一些硬性指标。国内的制造业城市以传统产业为主,企业同质化程度较高,产品以低端产品为主,在绿色创新方面的投入不足,创新要素无法实现有效集聚,绿色发展政策不统一,再加上执行统一的环境标准,对城市绿色低碳发展造成了严重制约。具体来看,制造业城市想要实现绿色低碳发展必须从以下两个方面着手。

1.推进转型升级突破,建设生态绿色园区

在碳中和的背景下,我国制造业城市要根据城市的产业布局,推动传统产业与战略产业相互融合,出台更多支持政策,加快技术升级,推动产业结构调整,从资源驱动转向知识驱动、技术驱动,降低低端产品在产品结构中的比重,提高高端产品的占比。

2.完善绿色政策制定,推动创新要素集聚

制造业城市要严守生态环境保护红线,禁止执行"一刀切"的环境标准,发布可行性较高的政策,加大对战略性新兴产业、现代服务业、环境友好成长型企业的扶持力度,既要优化服务,又要加强监管,既要注重引导激励,又要做好约束惩戒,推动制造企业实现绿色低碳发展。

(三)实现生态型城市生态价值

在应对气候变化方面,生态资源发挥着重要作用。但因为生态资源处于流动状态,具有跨区域的特点,无法对产权归属做出明确界定,也无法明确受益主体,导致生态产品市场建设缺乏足够的内在动力。再加上生态交易体系不完整、产权初始分配不公、市场化程度不高等,导致能够进入交易市场的生态产品或服务比较少,对生态城市生态资源价值的实现造成了一定的制约。具体来看,生态型城市生态价值的实现可以从以下两个方面着手。

1.完善产权制度建设,尽快实现生态产品的价值

完善生态交易体系,建立健全生态产品经营及交易制度,加快推进生态资源资产产权制度建设与完善,让生态资源可以和普通产品一样进入市场,按照市场规律实现价值,提高生态产品的供给水平。对于生态产品来说,生态功能是其实现价值的重要基础,包括维护生态安全、创造良好的生态环境等。从某种意义上说,生态产品是典型的公共产品,其价值的实现需要强力的政府引导。

2.加大生态创新力度,提高生态价值

生态型城市想要实现生态创新,需要从市场、技术、环境三个层面着手,做好技术推动、市场拉动与环境治理,加快不同行业间跨产业生态技术的创新应用,解决制约跨产业平台生态创新技术推广应用的各种难题。

四、ESG 体系:开启社会治理的变革

ESG 中的 E 指的是 Environmental,即环境;S 指的是 Social,即社会;G 指的是 Governance,即治理。ESG 体系是一种投资理念与企业评价标准,与企业环境、社会、治理绩效息息相关,可以科学评估企业对经济、社会发展所做的

贡献。

在 ESG 体系的引导下,企业可以从追求自身利益最大化转向追求社会价值最大化。使用 ESC 体系对企业进行评估,表现较好的企业一般具有以下特征:能够对目前及未来的经济、环境、风险进行有效管理,关注发展质量,注重创新,在生产经营的过程中始终将环境保护放在重要位置,努力探寻低碳发展道路,创造竞争优势,实现长期价值。在 ESC 体系的引导下,我国家电企业走上了绿色低碳的发展道路,在节能减排、废物利用方面取得了显著成绩。

(一)家电:推动完善节能补贴与回收制度

节能补贴可以有效提高高能效家电产品的市场占比。以家用空调为例,2009—2013 年,为了提高家用空调的能效,国家出台了两轮补贴政策,并且两次提升家用空调的能效标准,推动高效能的家用空调走进了千家万户。

2021 年 2 月 10 日,商务部印发《关于做好 2021 年绿色商场创建工作的通知》,提出"扩大节能家电及绿色产品销售,促进绿色消费"的要求。适度的节能补贴有利于实现这一目标,可以扩大高能效产品的消费,改善家电产品的能效结构,对家电产品节能减排产生积极的推动作用。

(二)家具:推动森林资源可持续利用

在树木砍伐、木制品生产方面,欧美国家有非常严格的监管措施,并制定了比较规范的法律法规,以保证森林资源的可持续利用。我国要学习借鉴欧美国家的这一做法,家具行业要提高木材的利用率,同时积极寻找可替代材料,减少木材使用。

(1)引入全球性的认证,例如 FSC 森林认证,对林业生产各环节进行规范,引导消费者购买标准化的林产品,通过这种方式规范森林经营,解决过度砍伐问题,推动实现森林资源可持续利用。

(2)学习欧美国家出台相关的法律法规,例如美国的《雷斯法案修正案》、欧盟的《欧盟木材及木制品规划》等,要求家具企业使用木材来源的合法性材料,对非法交易的木制品给予严厉处罚。

(三)商品包装:综合治理势在必行

为了规范商品包装,遏制过度包装风气,我国各部委出台了很多规范,例如2014年国家质量监督检验检疫总局、国家标准化管理委员会发布的《限制商品过度包装通则》,对包装成本、材质、设计等提出了明确要求。同时,各地方政府也针对商品包装出台了很多限制性法规。

近年来,中央及地方政府围绕减少塑料包装使用出台了很多政策。例如,2020年,国家发改委、生态环境部发布《关于进一步加强塑料污染治理的意见》,明确提出"到2020年底,直辖市、省会城市、计划单列市城市建成区的商场、超市、药店、书店等场所以及餐饮打包外卖服务和各类展会活动,禁止使用不可降解塑料袋""到2025年,地级以上城市餐饮外卖领域不可降解一次性塑料餐具消耗强度下降30%"的要求。为了鼓励塑料包装回收再利用,厦门市于2020年7月发布"垃圾分类新规",将一次性塑料餐盒、塑料袋等塑料包装归入"低值可回收物",实现回收再利用。

减少塑料制品的使用可以有效减少碳排放,因此在碳中和的背景下,欧美等发达国家出台了越来越严格的限塑政策。我国可以借鉴欧美等发达国家的经验,对现有的限塑政策进行完善,建立严格的监督机制,完善塑料包装回收链路。

(四)餐饮:提倡光盘行动与有机物再利用

近年来,随着国家宣传力度不断加大,餐饮企业开始关注餐桌浪费问题,并针对餐桌浪费采取了很多措施。目前,在减少餐饮浪费方面,我国最主要的举措就是宣传教育。例如,印发《党政机关厉行节约反对浪费条例》,在党政机关内部开展"光盘行动",引导干部职工按需点餐,减少浪费。随后,"光盘行动"推广至全国,通过播放宣传片、发放宣传材料等方式,让全体人民树立减少餐饮浪费的理念,养成良好的点餐习惯。

第三节 CCUS 技术：实现零碳排放的最佳路径

一、CCUS 技术如何助力碳中和

面对全球气候变暖问题，IEA 在《世界能源展望报告》中提出了三点建议：一是发展清洁能源，二是提高能效，三是碳捕集与封存。其中，碳捕集与封存被联合国政府间气候变化专门委员会（Intergovernmental Panelon Climate Change，IPCC）视为应对气候变化的"终极武器"。IPCC 指出，如果不借助碳捕集与封存技术，仅凭借发展清洁能源与提高能效，人类社会很难实现碳中和的目标。

碳捕集与封存是指将大型发电厂所产生的二氧化碳收集起来，采用各种方法储存，以免其排放到大气中的一种技术。目前，这项技术在推广应用方面面临着很多挑战，包括成本高、地质埋存面临着较高的生态环境风险等。因此，近年来，很多研究机构在努力探索二氧化碳封存和固定技术，试图引入新方法——CCUS，实现更彻底、更高效的碳捕获与封存。

具体来看，CCUS 可以通过表 4-2 所示的几种方式实现碳中和。

表 4-2 CCUS 实现碳中和的四种方式

方式	具体措施
解决现有能源设施的碳排放问题	CCUS 可以对发电厂进行改造，减少碳排放。根据国际能源署估算，如果全球现有的能源设备不经过改造一直工作到"生命"结束，将产生 6000 亿吨的碳排放。以煤炭行业为例，煤炭行业的碳排放在碳排放总量中的占比接近 1/3，全球 60% 的煤炭设备到 2050 年之前将继续保持运行，其中大部分设备位于我国。这类部门想要实现碳减排、碳中和，利用 CCUS 是必行之路

方式	具体措施
攻克工业领域碳减排的核心技术手段	因为天然气以及化肥生产领域的碳捕获成本较低,所以这两个领域是 CCUS 应用的主要领域。在其他重工业生产领域,作为一种高效且性价比较高的碳减排技术,例如在水泥生产领域,CCUS 是碳减排的唯一技术手段;在钢铁生产与化工领域,CCUS 是性价比最高的一种碳减排手段。CCUS 的应用深度仍需拓展
在二氧化碳和氢气的合成燃料领域有重要应用	IEA 将 CCUS 视为生产低碳氢气的两种主流方法中的一种。根据 IEA 关于人类社会可持续发展的设想,到 2070 年,全球氢气使用量将增加 7 倍,达到 5.2 亿吨。其中水电解产生的氢气占比为 60%,剩下的 40% 源于 CCUS。按照全球在 2050 年实现碳中和的设想,在未来几十年,世界各国将持续加大在 CCUS 领域的投入,投资规模至少要在当前规划的基础上增加 50%
从空气中捕获二氧化碳	根据 IEA 预测,实现碳中和之后,交通、工业等部门仍会产生碳排放,总量大约为 29 亿吨,这部分二氧化碳要通过碳捕集、封存与利用来抵消。目前,已经有一些 CCUS 设备投入使用,但因为成本太高,还需要进行改进

二、CCUS 的工作原理与实现路径

CCUS 不是一项技术,而是一套技术组合,涵盖了从发电厂、化工企业等使用化石能源的工业设备中捕获含碳废气,对含碳废气进行循环利用,或者使用安全的方法对捕获的二氧化碳进行永久封存的全过程。在整个技术组合中,对含碳气体进行压缩和运输是关键环节。CCUS 技术应用的主要过程与环节如表 4—3 所示。

表 4-3 CCUS 技术应用的主要过程与环节

环节		内容
捕集		将化工、电力、钢铁、水泥等行业利用化石能源过程中产生的二氧化碳进行分离和富集的过程,可以分为燃烧后捕集、燃烧前捕集和富氧燃烧捕集
运输		将捕集的二氧化碳运送到利用或封存地的过程,包括陆地或海底管道、船舶、铁路和公路等输送方式
利用与封存	地质利用	将二氧化碳注入地下,生产或者强化能源、资源开采过程,主要用于提高石油、地热、地层深部咸水、铀矿等资源采收率
	化工利用	以化学转化为主要手段,将二氧化碳和共反应物转化为目标产物,实现二氧化碳资源化利用的过程,不包括传统利用二氧化碳生成产品、产品在使用过程中重新释放二氧化碳的化学工业,例如尿素生产等
	生物利用	以生物转化为主要手段,将二氧化碳用于生物质合成,主要产品有食品和饲料、生物肥料、化学品与生物燃料和气肥等
	地质封存	通过工程技术手段将捕集的二氧化碳储存到地质构造中,实现与大气长期隔绝的过程,主要划分为陆上或水层封存、海水咸水层封存、油气田封存等

(一)碳捕集技术

二氧化碳捕集技术可以分为三种类型,分别是燃烧前捕集、纯氧燃烧和燃烧后捕集,划分依据是对燃料、氧化剂和燃烧产物采用的措施的不同,如表 4-4 所示。

表 4-4 碳捕集技术的三种类型

碳捕集技术的类型	具体应用
燃烧前捕集	燃烧前捕集的成本相对较低,效率较高。燃烧前捕集的流程为:先对化石燃料进行气化处理,形成主要成分为氢气和一氧化碳的合成气;然后将一氧化碳转化为二氧化碳;最后将氢气和二氧化碳分离,完成对二氧化碳的收集。这项技术需要采用基于煤气化的联合发电装置(IntegratedGasificationCombinedCycle,IGCC),导致碳捕集的成本较高,使用该技术投产的项目减少

碳捕集技术的类型	具体应用
纯氧燃烧	使用纯氧或者富氧对化石燃料进行燃烧,生成二氧化碳、水和一些惰性组分,然后通过低温闪蒸将二氧化碳提纯,提纯后单位容量内二氧化碳的浓度能够达到 $80\%\sim98\%$,使二氧化碳捕集率得到了大幅提升
燃烧后捕集	燃烧前捕集与富氧燃烧对材料、操作环境都有较高的要求,因此这两项技术在现实生活中应用得比较少。相对而言,选择性较多、捕集率较高的燃烧后捕集技术的应用范围较广,形成了三种比较常用的方法,分别是化学吸收法、膜分离法和物理吸附法。其中,化学吸收法的应用前景最广。在化学吸收中,胺类溶液凭借较好的吸收效果实现了广泛应用

(二)碳利用和封存技术

目前,在碳利用和封存领域,地下封存、驱油和食品级利用是比较主流的应用方向。

1.碳利用

借助 CCUS—EOR(Enhanced Oil Recovery,强化采油)技术,企业可以将捕集到的二氧化碳注入油田,让面临枯竭的油田焕发生机,再次采出石油,同时还能将二氧化碳永远贮存到地下。这一技术通过降低原油黏度,增加原油内能,使原油的流动性大幅提升,同时增强了油层的压力。目前,在碳利用领域,利用二氧化碳制作化肥、食品级二氧化碳实现商业化利用等项目也已经比较成熟。

近年来,在碳利用领域,国外探索出了一些新方向。例如,荷兰和日本尝试将二氧化碳运输到园林用来强化植物生长;一些国家在二氧化碳制化肥、油田驱油、食品级应用等领域推出了很多示范项目;在二氧化碳制聚合物、二氧化碳甲烷化重整、二氧化碳加氢制甲醇、海藻培育、动力循环等领域积极探索应用路径;在二氧化碳制碳纤维和乙酸等领域加强理论研究;等等。

目前在我国,山西煤化所、大连化物所、中科院上海研究院、大连理工大学等机构对二氧化碳加氢制甲醇、二氧化碳加氢制异构烷烃、二氧化碳加氢制芳烃、二氧化碳甲烷化重整等碳利用方面进行积极探索,大多数技术正处于理论研究或者中试阶段。

2.碳封存

完成二氧化碳捕集后可以将其通过泵送到地下或者海底进行长期存储,或者直接通过强化自然生物学作用在植物、土地和地下沉积物中存储。目前,碳封存技术主要包括两种类型,如表4-5所示。

表4-5 碳封存技术的两种类型

类型	具体应用
对二氧化碳进行高压液化处理,将其封存到海底	据研究,在海平面下 2.5 千米的位置及以下,二氧化碳会以液态的形式存在。因为二氧化碳的密度比海水的密度大,所以这个区域会被作为海洋碳封存的安全区
将二氧化碳封存到地下	在地下 0.8～1.0 千米的位置,超临界状态的二氧化碳会以流体的形式存在,可以永久地封存在地下

三、CCUS 技术的四大创新领域

未来,CCUS 技术创新将围绕四个方面展开,分别是捕获、运输、利用和储存。

(一)捕获方面的技术创新

主流的碳捕获技术有两种,一种是化学吸收,另一种是物理隔离。化学吸收分为两个环节,首先使用可以吸收二氧化碳的化学溶剂捕获含有二氧化碳的气体,然后进行提纯,将纯净的二氧化碳分离出来。现阶段,化学吸收法主要在发电厂和工业领域的 CCUS 设施中广泛应用。物理隔离指的是利用活性炭、氧化铝、金属氧化物或沸石等物质吸收二氧化碳,然后通过对温度、压力进行调节将纯净的二氧化碳释放出来。目前,物理隔离法主要在天然气厂广泛应用。

除了上述两种方法,还有一些方法处于探索阶段,包括膜分离技术、钙循环技术、化学循环技术等,是碳捕获技术创新的重要方向。碳捕获的五种技术如

表 4-6 所示。

表 4-6 碳捕获的五种技术

技术	具体应用
化学吸收法	首先使用可以吸收二氧化碳的化学溶剂捕获含有二氧化碳的气体,然后进行提纯,将纯净的二氧化碳分离出来
物理隔离法	利用活性炭、氧化铝、金属氧化物或沸石等物质吸收二氧化碳,然后通过对温度、压力进行调节将纯净的二氧化碳释放出来
膜分离技术	利用有机聚合膜的渗透选择性,从气体混合物中分离出二氧化碳,是美国国家碳捕获中心、天然气技术协会、能源部能源技术实验室的研究重点,未来可能出现多种膜分离技术用于捕获与分离二氧化碳
钙循环技术	利用生石灰(CaO)作为吸附剂与二氧化碳发生反应形成碳酸钙($CaCO_3$),然后对碳酸钙进行分解获得纯净的二氧化碳。因为生石灰可以循环利用,所以这种方法在钢铁、水泥生产等领域应用潜力巨大
化学循环技术	利用金属氧化物捕捉二氧化碳,该技术在煤炭、天然气、石油等领域有广阔的应用空间

综上所述,碳捕获的方法有很多,最大的问题在于如何根据二氧化碳的浓度、操作压力、温度、气体流速、设备成本等选择合适的碳捕获技术与方案。随着相关技术不断创新,碳捕获效率与水平将大幅提升,成本将大幅下降。

(二)运输方面的技术创新

目前,二氧化碳的主要运输方式是管道运输,其次是船舶运输。该领域技术创新的主要方向是对现有的油气管道进行评估与改造,以降低二氧化碳的运输成本,因为改造管道的成本比新建管道的成本低很多。据 IEA 估算,改造管道的成本只有新建管道的 1%～10%。现有油气管道改造的难点在于提高管道的抗压能力,因为二氧化碳运输对压强的要求要比石油或天然气高很多,为了保证运输安全,必须通过技术创新解决这一问题。世界二氧化碳运输管道系统如表 4-7 所示。

表4－7 世界二氧化碳运输管道系统

国家	系统	长度（千米）	运输能力（百万吨/年）
美国	Permian 盆地（得克萨斯州西部,新墨西哥州,科罗拉多州）	4180	—
	墨西哥湾沿岸（密西西比州、路易斯安那州、得克萨斯州东部）	1190	—
	落基山脉（科罗拉多州、怀俄明州、蒙大拿州）	1175	—
	Midcontinent（俄克拉何马州、堪萨斯州）	770	—
加拿大	阿尔伯塔碳干线	240	14.6
	Quest	84	1.2
	Sasketchewan	66	1.2
	Weyburn	330	2
挪威	Hammerfest	153	0.7
荷兰	Rotterdam	85	0.4
阿联酋	阿布扎比	45	—
沙特阿拉伯	Uthmaniyah	85	

（三）利用方面的技术创新

二氧化碳不只是生成品,还是一种消费品,可以用在化肥生产、石油开采等领域。据统计,目前全球每年大约消费2.3亿吨二氧化碳,其中化肥生产行业消费的二氧化碳最多,大约为1.3亿吨/年,其次是石油与天然气行业,二氧化碳消费量为7000万～8000万吨/年。为了实现碳中和,拓展碳利用途径也是一个不错的选择,具体分析如下。

（1）二氧化碳和氢气可以用来生成碳氢合成燃料,这一技术是碳利用技术创新的一个重要方向。冰岛的乔治奥拉工厂是全球最大的碳氢合成燃料生产厂,每年可以将5600吨二氧化碳转化为甲醇。

（2）用二氧化碳取代化石燃料用于工业品生产。目前,德国 Covestro 公司尝试用二氧化碳取代化石燃料,每年可生产约 5000 吨的聚合物,减少 20％的化石燃料的使用。

(3)用二氧化碳生产建筑材料,例如在混凝土生产过程中用二氧化碳代替水,在生产过程中,二氧化碳与矿物质反应生成碳酸盐,可以使混凝土更加坚固。相较于传统建材来说,加入了二氧化碳的建材性能普遍更好。

(四)储存方面的技术创新

目前,碳储存的主要方式是将二氧化碳注入地下的含盐地层以及油气地层封存起来。该领域技术创新的重点主要是开发更多碳储存点,满足不同地理位置的碳储存需要。例如,将二氧化碳注入玄武岩层和盐碱含水层进行存储,或者拓展海洋存储空间等。根据现有的研究结果,北美、非洲、俄罗斯以及澳大利亚等地区有很强的碳储存能力。未来,碳储存可能成为实现碳中和的关键。因此,目前碳储存技术创新的主要任务就是选择合适的碳储存场所,防止二氧化碳泄漏到大气中或者污染地下水,尽可能降低碳储存成本。

四、推动我国CCUS产业发展的建议

在我国,预计到 2030 年,一次能源生产总量将达到 43 亿吨标准煤,二氧化碳排放量将达到 112 亿吨,CCUS 的应用市场非常广阔。以强化采油技术为例,我国大约有 130 亿吨原油地质储量可以使用强化采油技术,将原油采收率提高 15％,使原油采储量增加 19.2 吨,同时封存 47～55 亿吨的二氧化碳。

近年来,我国积极推进万吨级以上 CCUS 示范项目建设,例如吉林油田强化采油项目的管道和驱油工程产油量已经达到 50 万吨/年;在 2013 年之前,胜利油田强化采油项目就完成了百万吨级项目的预可行性研究,部分工程完成了可行性研究。

作为碳减排的重要技术,CCUS 有望减少化石能源大规模使用产生的碳排放,为我国碳减排、保障能源安全、实现可持续发展提供强有力的保障。随着CCUS 示范项目越来越多,未来我国可能建成成本更低、能耗更低、安全性更高的 CCUS 技术体系和产业集群,减少化石能源燃烧过程中的碳排放,为碳减排、碳中和提供强有力的技术支持。

(一)我国 CCS/CCUS 产业链的发展特点

作为世界上碳排放量最大的国家,为了在 2030 年实现碳达峰、2060 年实现碳中和,除减少化石能源使用之外,我国要全面推进 CCS 项目建设。随着 CCS 项目越来越多,在世界新增 CCS 项目中的占比越来越高,我国将成为 CCS 项目强有力的推动者。在未来几年,我国 CCS/CCUS 产业发展将呈现以下两大特点。

1.电力行业加大碳捕集力度

在我国的碳排放结构中,火力发电产生的碳排放占比极大。对于电力行业来说,发展 CCS/CCUS 技术是开展碳减排、实现净零排放的重要途径。2019年,国家能源集团公司发布了 CCUS 技术路线及发展规划,明确了很多重点任务,包括持续推进鄂尔多斯二氧化碳地质储存示范工程研究,鼓励下属电厂积极推进二氧化碳捕集和封存全流程示范项目建设,积极拓展驱油、驱气、驱水、强化地热开采等方式,推进矿化利用、生物利用、化学合成、仿生利用等新型二氧化碳利用技术的研究与开发等。

2.石油公司利用自身在勘探开发领域积累的技术优势持续推进 CCUS项目

综观全球正在运行的 CCUS 项目,以强化采油形式运行的项目占比极大,包括我国胜利油田、中原油田、吉林油田、延长集团的 CCS 项目,只有极少数项目是专用地质封存类型,这些项目大多分布在挪威、美国、加拿大及澳大利亚等国家。在二氧化碳封存方面,石油公司拥有显著的技术优势。未来,电力公司可以与石油公司加强合作,创建一个完整的 CCS/CCUS 产业链。

(二)我国推动 CCUS 项目发展的对策建议

近年来,在一次能源结构中,非化石能源所占比重不断提升,能源供应的稳定性受到了广泛关注。在碳中和背景下,我国将形成"化石能源+CCS"的发展模式,并在这个过程中释放出很多机遇。为了抓住这些机遇实现更好的发展,中国石化、中国石油、中国海油等大型能源企业应该持续加大在 CCUS 项目中的投入力度,推动 CCUS 项目快速发展。具体对策如表4-8所示。

表 4-8 推动 CCUS 项目发展的三大对策

对策	具体内容
制定发展目标与相关规划	根据自身的实际情况制定 CCS/CCUS 业务中长期发展目标、发展规划以及重点工程计划,为公司实现碳达峰、碳中和绘制一条清晰的路径
推进 CCS/CCUS 技术研发,创建 CCS/CCUS 示范项目	立足于现有项目,在 CCS/CCUS 关键技术领域寻求突破,同时要合理选址,因地制宜,创建更多 CCS/CCUS 示范项目,完善在该领域的布局
探索成熟的投资模式与经营模式,推动 CCS/CCUS 业务市场化	中国石化、中国石油、中国海油等企业要创建 CCS/CCUS 战略联盟,加强与电力企业的合作,延伸 CCS/CCUS 产业链,不断提高二氧化碳捕集、封存及利用水平,在碳市场掌握主动

第五章　推进碳中和——清洁能源

　　当前,清洁能源在全球范围内已经成为能源电力发展的重心。根据中电联统计数据,2022年,全国新增发电装机容量2亿千瓦,新增非化石能源发电装机容量占到1.6亿千瓦;全国全口径发电装机容量25.6亿千瓦,非化石能源发电装机容量达到12.7亿千瓦,占总装机比重同比增长13.8%,上升至49.6%,延续了近年来中国电力绿色低碳转型的总体趋势。中国电力企业联合会党委委员、专职副理事长安洪光表示,在"双碳"目标背景下,我国能源结构将持续调整优化,清洁能源产业未来前景广阔,有望再次迎来新的发展机遇,实现又一次跨越式发展。

　　新型电力系统建设是新型能源体系建设的重要组成部分,必须立足我国国情和资源禀赋,走好中国式现代化能源发展道路。为此,保障能源安全是首要任务,推动绿色转型是努力方向,释放创新动能是第一动力。

第一节　未来能源:开启第四次能源产业革命

一、新一轮能源科技革命的来临

　　近几年,全球开始了新一轮能源革命,新能源技术与信息技术深度融合,清洁能源逐渐替代传统的化石能源,形成了煤炭、石油、天然气、核能等多元化的能源供应体系。在能源消费环节,电气化应用范围不断扩大,不仅提高了能源利用效率,而且开启了一个高效、清洁、低碳、智能的能源新时代。

(一)全球能源革命的驱动因子

纵观全球能源行业的发展,大致经历了四次能源革命。第一次发生在19世纪中叶,标志是煤炭取代木材成为主要能源;第二次发生在20世纪中叶,标志是石油取代煤炭;第三次发生在20世纪后半叶,标志是以核能为代表的非化石能源开始推广应用;第四次就是现阶段正在发生的新一轮能源革命,标志是全球能源结构从"以化石能源为主,清洁能源为辅"向"以清洁能源为主,化石能源为辅"转变。驱动新一轮能源革命的因素有三个,具体如表5-1所示。

表5-1 驱动新一轮能源革命的三大因素

三大因素	具体内容
能源供需变革驱动	从能源需求看,随着新兴经济体与发展中国家的发展速度越来越快,对能源的需求越来越大,到2040年之前会推动全球能源消耗增长30%左右。发达国家的经济发展已经比较成熟,对能源的依赖逐渐减弱,煤炭、石油等化石能源的需求不会出现大幅增长。为了实现碳中和,改变终端能源结构,通过大规模电气化提高能源利用效率将成为主要趋势。从能源供给看,虽然短期内全球化石能源的储备依然丰富,但各种能源在能源结构中的占比将发生巨大变革。美国的页岩革命提高了非常规石油和天然气的产量,导致石油在能源结构中的比重继续下降,天然气的比重不断增加。可再生能源作为一种清洁能源,将在未来多元化的能源结构中占据较大比重
技术创新驱动	随着区块链、人工智能等技术在电力行业中渗透应用,智能电网不断发展,消费者与供应商之间的关系将发生重大变革。随着光伏技术不断成熟,安装成本不断下降,风电技术不断发展,碳捕集和封存技术、电池储存和非常规燃料提取技术取得重大突破,将推动全球能源格局发生巨大改变
环保驱动转型	能源消耗是温室气体的主要来源,为了减少温室气体排放,遏制全球气温升高趋势,世界各国先后制定了碳减排目标,通过各种方式推动能源转型。同时,一些民营组织也在应对气候变化方面投入了巨大的人力、物力,例如石油、天然气领域的大型公司正在加大对可再生能源的探索与研究,致力于提高可再生能源在能源结构中的占比

（二）新一轮能源革命的未来发展方向

新一轮能源革命的目标非常清晰，就是逐渐减少煤炭、石油、天然气等化石能源的消耗，代之以新能源和可再生能源。在这个过程中，电气化程度会不断提升，进而带动能源利用效率大幅提升。同时，在新一轮能源革命中，天然气作为相对清洁的化石能源，会在一段时间内作为过渡能源得到推广应用。

1.能源结构向更低碳的燃料倾斜

根据国际能源署预测，虽然到 2050 年，化石燃料依然在全球能源结构中占据主要地位，但能源结构会向低碳化方向发展，天然气、石油与煤炭、可再生能源在满足新增新能源需求方面的贡献将达到 1：1：1。

2.天然气将成为重要的"过渡性燃料"

在美国页岩革命的驱动下，天然气需求的增长速度远超石油和煤炭。根据国际能源署预测，在未来 20～30 年，天然气需求的年均增长速度有望超过 1.6％，进而带动液化天然气和压缩天然气的贸易量大幅增长。相较于石油和煤炭来说，天然气的二氧化碳排放量要少很多，属于相对清洁能源，会在很长一段时间内作为"过渡能源"使用，助力能源结构转型。

3.能源效率将变得越来越重要

在新一轮能源革命中，交通、建筑、制造业等行业将重点提高能源效率，在全球范围内掀起一场能源管理革命，帮助企业探索能源管理模式与方法，为智能家居、智能建筑、智能家电等行业的技术创新提供机会。

4.可再生电力以及全球能源互联将成为可能

在未来的能源政策中，清洁化、智能化和全球化的电网建设将发挥决定性作用。未来，在全球新增电力中，太阳能光伏和风电等可再生能源将贡献 60％的电力。同时，随着智能电网不断发展，清洁能源可以大规模地接入电网，为交通、工业、商业、居民生活等提供更多清洁电能。

随着可再生能源强势崛起，储能方式不断创新，能源安全概念将得到重塑。届时，电网安全可能成为关乎国家安全的大事，会直接对能源基础设施和城市安全造成影响。随着电力系统从内部控制系统转变为网络分布式的控制系统，新旧设施连接很容易产生薄弱环节，受到网络攻击。一旦电力系统受到网络攻击,将对整个社会运转造成严重冲击。目前,在美国,能源系统遭受的网络攻击远多于其他关键基础设施。

二、我国在能源革命中的机遇与挑战

从全球范围看,我国能源生产与消费均高居世界第一,碳排放量也位于世界前列,再加上我国拥有全球最大的清洁能源市场,清洁能源产量名列前茅,因此,在新一轮全球能源革命中,我国占据着核心位置,聚焦全世界的目光。

(一)中国在新一轮全球能源革命中的机遇

中国在新一轮全球能源革命中有很多优势,具体如图 5—1 所示。

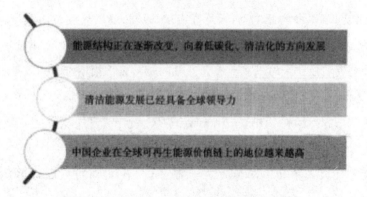

能源结构正在逐渐改变,向着低碳化、清洁化的方向发展

清洁能源发展已经具备全球领导力

中国企业在全球可再生能源价值链上的地位越来越高

图 5—1 中国在新一轮全球能源革命中的优势

1.能源结构正在逐渐改变,向着低碳化、清洁化的方向发展

近五年来,在相关政策的推动下,在技术变革与可再生能源成本下降的加持下,我的的能源效率、碳强度、清洁能源所占市场份额已经超出预期目标。根据国家相关规划,为了推动可再生能源发展,国家计划投入 2.5 万亿元,将非化石能源和天然气在能源消费增量方面的贡献提升至 68%。

2.A 清洁能源发展已经具备全球领导力

我国在可再生能源领域的投入位居全球第一,这一成就保持了五年。根据生态环境部公布的数据,我国每年在可再生能源领域投入 1000 亿美元,是美国的 2 倍,是欧美的总和。早在 2017 年,我国风电、光伏发电规模就已经位居世界第一,形成了极具竞争力的产业链体系。在半导体照明产业,我国也已经成为全球最大的产品研发生产基地和应用市场。

3.中国企业在全球可再生能源价值链上的地位越来越高

中国在海外可再生能源领域的投资同样位居世界第一。在可再生能源价值链上,中国企业的优势越发明显。例如,在太阳能电池板生产领域,中国企业的生产成本比美国企业低 20%;在风力涡轮机领域,随着相关技术取得重大突破,中国企业逐渐赶超美国企业,在全球市场上占据了领先地位。

(二)中国在新一轮全球能源革命中面临的挑战

虽然在新一轮全球能源革命中,中国拥有很多优势,但也存在一些不容忽略的问题,具体如图 5—2 所示。

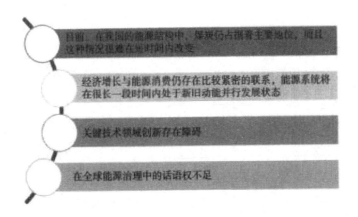

图 5—2　中国在新一轮全球能源革命中面临的挑战

(1)目前,在我国的能源结构中,煤炭仍占据着主要地位,而且这种情况很难在短时间内改变。

(2)经济增长与能源消费之间仍存在比较紧密的联系,能源系统将在很长一段时间内处于新旧动能并行发展状态。未来,我国机动车保有量以及机动车柴油消耗量将持续增长。2011 年以后,天然气是唯一一个消费量持续上涨的化石能源,这一趋势将延续很长时间。

(3)关键技术领域创新存在障碍。虽然我国在清洁煤技术、超超临界、热电多联产等技术领域取得了较大突破,但核心技术依然依赖进口,大型风力设备、燃料电池设备、太阳能光电池设备和生物质能技术等依然没有达到世界先进水平,与发达国家还存在一定的差距。除此之外,我国的能源效率也比较低,单位

GDP 能耗是世界平均水平的 2 倍,这些问题都亟待改善。

(4)在全球能源治理中的话语权不足。在世界舞台上,参与全球能源治理可以有效提高一个国家的软实力与治理能力。目前,我国参与的国际能源合作大多是对话性合作与一般性合作,缺少话语权,在国际能源贸易中没有定价权。因此,在新一轮全球能源革命中,我国要积极参与全球能源治理,提高自身的软实力,掌握更多话语权。

三、我国能源低碳转型的路径选择

继在第 75 届联合国大会上宣布"2030 年实现碳达峰,2060 年实现碳中和"的目标之后,习近平主席在 2020 年 12 月 12 日召开的世界气候雄心峰会上再次宣布,"到 2030 年,中国单位国内生产总值排放比 2005 年下降 65％以上,非化石能源占一次能源消费的比例达到 25％左右"。对于我国来说,想要实现上述目标,能源转型是必经之路。下面,我们对碳中和背景下我国的能源转型路径进行分析。

为了实现碳中和目标,我国要建立健全低碳政策体系,设定能源发展边界,大力发展绿色能源。为了探索碳中和目标下我国的能源转型路径,我们先设定一个碳中和背景,即碳中和目标下的发展模式。

在碳中和情景下,经济实现绿色、低碳发展具体表现在以下几个方面:经济结构更加优化,创新的驱动作用更加明显,绿色发展理念深入人心,开放共享成为常态。在经济结构方面,高端制造业、综合能源服务业的占比快速提升,工业、低端制造业的占比明显下降。在能源方面,各行业的能源利用效率明显提升,其中工业的能源利用效率年均提升 1.5％,交通行业的能源利用效率年均提升 2％,建筑行业的能源利用效率年均提升 1.5％,火力发电的能源利用效率年均提升 0.6％。在节能减排技术方面,碳捕集、利用与封存技术取得重大突破,实现大规模应用;储能技术不断成熟,三五年之后实现大规模应用;风能、光能等清洁能源实现大规模应用;到 2030 年,燃料电池车的竞争力显著提升。

(一)一次能源需求在 2035 年前后达峰

在碳中和情景下,现代服务业、高端制造业将实现快速发展,各行业将大力发展循环经济,使得能源利用效率快速提升,能源利用强度持续下降。从 2020 年到 2050 年,能源利用强度将保持年均 3.8% 左右的速度下降,在 2035 年左右实现碳达峰,需求峰值降低 3.7%,大约为 56 亿吨标准煤。

从发展阶段看,2025 年之前,我国的煤炭、石油等能源的消耗量将逐渐减少,天然气、非化石能源等清洁能源的消耗量将快速增加,清洁能源可以满足全部一次能源需求增量;2025 年之后,清洁能源将实现快速发展,不仅可以满足新增用能需求,还可以大规模替代发电、工业、建筑和交通等行业对石油、煤炭等能源的需求。

(二)非化石能源占比年均提升约 1.7%

在碳中和情景下,能源系统会加速实现低碳化。到 2050 年,在整个能源结构中,煤炭占比将降至 12.2%,石油占比将降至 8.4%,天然气、核电、水电及其他可再生能源的占比将分别达到 13.9%、9.2%、10.2%、46.2%。届时,非化石能源占比将达到 65.6%,年均增长 1.7%,速度是"十三五"时期的 2 倍。

(三)煤炭需求快速下降

2025 年之后,我国煤炭消耗量将快速下降,到 2035 年将降至 29 亿吨,到 2050 年将降至 9 亿吨。煤炭消耗行业在利用煤炭的同时会配备碳捕集、利用与封存技术,实现二氧化碳零排放。

到 2025 年左右,我国石油消耗将实现碳达峰,大约为 7.3 亿吨/年,之后快速下降,到 2050 年降至 3.1 亿吨。届时,虽然石油仍然会在航空、水运等领域被作为燃料使用,但其原材料的属性会更加凸显。到 2050 年前后,大约有 47.5% 的石油会作为原材料使用。

作为低碳经济发展的现实选择,到 2040 年,我国天然气消耗将实现碳达峰,大约为 5500 亿立方米/年。之所以将天然气称为低碳经济发展的现实选择,是因为天然气可以与其他能源载体灵活转换,为可再生能源大规模应用,能源系统保持安全、稳定奠定重要基础。

(四)可再生能源发展进入快车道

在碳中和情景下,可再生能源将实现规模化生产,进一步扩大新能源的装机规模。预计到 2035 年,除水能之外的可再生能源装机容量将达到 19 亿千瓦;到 2050 年,这一数字将增长至 35 亿千瓦。随着储能技术不断发展、气电等灵活性电源的占比不断提升、电力市场的发展机制不断完善,到 2050 年,除水能之外的可再生能源的发电量将达到 6.7 万亿千瓦时,在发电总量中的占比将达到 52%。

四、中国如何参与全球能源革命

新一轮全球能源革命为中国在全球能源市场获取领导力提供了良好的机会。因此,在新一轮全球能源革命推进的过程中,中国要积极参与,立足于全球资源优化与保障能源供给,对能源转型进行统筹安排。

(一)能源转型需要大量额外的政策干预

实现能源转型,降低化石能源在能源结构中的占比,需要政策的引导和支持,具体策略如表 5-2 所示。

表 5-2　推动能源转型的四大策略

策略	具体内容
对煤炭进行清洁化处理,提高煤炭利用效率	因为煤炭仍将在很长时间内作为主要能源使用,所以要对煤炭进行清洁化处理,提高煤炭利用效率,推动煤炭无害化开采、超临界、煤气化联合循环发电等技术推广应用,尽量减少煤炭使用过程中的碳排放
充分发挥天然气的过渡作用,完善天然气管网建设	在能源转型过程中,充分发挥天然气的过渡作用,完善天然气管网建设,推动天然气管网和 LNG(Liquefied Natural Gas,液化天然气)终端独立运作,建立一个开放、竞争的天然气市场
完善可再生能源激励机制	为了鼓励可再生能源开发与应用,我国可以从国外引进一些成熟的激励机制,例如拍卖制、净计量以及财政刺激等,对开发利用可再生能源的企业与机构进行补贴,完善补贴政策,明确补贴退出机制,防止产能过剩、资源配置失衡等问题发生

续表

策略	具体内容
持续加大在核心技术研发领域的投资	一方面,政府要加大对前期投资的扶持力度;另一方面,政府要放宽准入机制,降低准入门槛,引导社会资本进入核心技术开发领域,加强知识产权保护

1.强化节能优先战略,推动重点用能领域提高能效

从全球范围看,我国经济发展速度位居世界前列,但单位 GDP 能耗与碳排放要比欧美等发达国家高很多。因此,在参与全球能源革命的过程中,我国要全面推进节能优先战略,从目标、制度、政策、考核等方面做好顶层设计,让节能优先理念融入人们的骨髓与血液,在社会生产与生活中的方方面面体现出来。

我国要鼓励建筑、交通、工业等重点用能行业提高能效水平,积极推进相关技术与设备的研发,助力这些行业完成低碳化、智能化改造,打造集约化、高端化的产业体系,使能源利用效率得到大幅提升。

2.统筹能源安全与低碳转型的关系

过去,资源在能源行业占据着主导地位。近年来,随着低碳、零碳、负碳等技术不断发展,技术取代资源在能源行业占据了主导地位,使能源供应安全的内涵发生了一定的改变——从保证资源持续供应转向保证能源系统稳定。具体来看,为了保证能源安全,我国要不断提高非化石能源在能源结构中的占比,减轻对国外资源的依赖。

在新一轮的全球能源革命中,风能、光能等非化石能源得到了推广应用。虽然这些能源可以减少碳排放,但它们自身不稳定的特性会诱发很多新的安全风险。此外,随着能源系统实现数字化转型与升级,我国要注重电网安全,将电网安全上升到国家安全层面,建立全国统一的监管机构与协作平台,提高核心网络抵御不良攻击的能力,加强监管,加快构建灵活性电源、分布式用能体系和智能电网,以免电网系统遭到破坏,引发能源安全风险。

除此之外,能源安全风险还来自新能源的快速发展。例如,随着新能源汽车的推广普及,车用电池市场将实现大爆发,同时将带动镍、钴等矿产资源市场实现大爆发。据预测,到2025年,我国新能源汽车市场对钴的需求量将远超我国钴金属的可采储量;到2035年,国内市场对镍资源的需求量将远超我国镍金属的可采储量。因此,从长远看,为了保证能源可持续供给,我国要积极与其他

国家开展能源战略合作,构建能源资源共同体。

(二)打造多元、有韧性的低碳能源供给体系

首先,我国要尽快完善新能源基础设施建设,推动能源市场与相关体制机制建设,出台相关政策,鼓励相关企业与机构加强技术创新;其次,我国要全面推进氢能储能、碳捕集、利用与封存等技术快速发展,打造低碳能源供给体系。

需要注意的是,氢能作为一种清洁能源有很多优点,包括可以从多渠道获取、灵活利用、远距离输送、大规模存储、转化为电能,支持分布式利用与集中式利用,可以促进可再生能源消纳,打造高度灵活的能源系统与多元化的低碳能源供给体系,为工业、交通等行业的深度脱碳提供强有力的支持。

(三)电力市场转型是能源转型的关键

我国能源转型能否成功,在很大程度上取决于电力市场的转型效果。因此,我国要出台相关政策与法律,引导电力市场转型,对电力企业的投资方向与技术研发方向进行指导,鼓励电力企业参与深海石油与海底可燃冰的开采,在氢能、新型核能技术的研发与应用领域取得重大突破,创建一个以可再生能源为主的分布式能源系统。

(四)依托"一带一路"建设,创新推进国际能源合作

我国要以"一带一路"倡议为依托,创新推进国际能源合作。具体策略如表5—3所示。

表5—3　推进国际能源合作的五大策略

切入点	具体策略
地缘政治层面	我国要积极维护产油和输油地区的安全与稳定
技术层面	我国要鼓励石油勘探、节能增效、环境保护等技术领域创新,积极在国际市场上寻求合作
市场层面	完善上海原油期货市场,加强与国际原油期货市场对接,逐步在亚洲市场获得定价权,让我国原油期货成为亚洲市场的定价基准

续表

切入点	具体策略
战略层面	我国要与各国的能源战略对接,构建多层次油气输配网络与能源互联网络,设立区域能源互联网试点,向全球网络稳步拓展,将中国经验分享出去,引领其他发展中国家发展
投资方面	我国要借鉴多边开发银行的经验,出台"一带一路"环境和社会保障政策,对我国企业的海外投资行为进行规范,同时保障海外投资企业的合法权益

第二节　实现路径：全球主流的清洁能源技术

一、风能：为"双碳"保驾护航

现阶段，为了应对气候变化，实现将未来 30 年的升温控制在 2℃乃至 1.5℃以内的目标，世界各国都在向低碳、净零碳的方向转型，在全球范围内掀起了新一轮技术革命与产业竞赛。在实现碳中和的过程中，各国经济将实现绿色复苏，传统的能源、制造、科技、消费等行业的价值链将被彻底颠覆，新的价值链将逐渐形成。在目前的形势下，发展低碳经济、绿色经济，如期实现碳达峰、碳中和已经成为全球谋求可持续发展的必然选择。

人们根据能源消费过程对环境的影响将能源分为清洁能源与非清洁能源。非清洁能源是指在使用过程中会排放有害气体或者物质、对环境造成污染的能源，包括煤炭、石油等化石能源。清洁能源与之相对，就是在使用过程中不会产生有害气体、排放有害物质，对环境的影响极小，甚至不会对环境造成不良影响的能源。

按照现有的划分标准，清洁能源可以划分为两种类型：一种是包括水能、太阳能、风能、地热能、海洋能等在内的可再生能源，消耗过程中不会产生太多的污染物，消耗后可以恢复，这类能源又被称为第Ⅰ类清洁能源；另一种是以天然气为代表的低污染能源和以洁净煤、洁净油为代表的经过处理的化石燃料，这类能源具有不可再生的特点，又被称为第Ⅱ类清洁能源。一般情况下，我们所说的清洁能源指的是第Ⅰ类清洁能源。如图 5-3 所示。

我国非常重视清洁能源的发展，在清洁能源领域的投资额，以及水电、风电、光伏发电装机容量连续多年高居世界第一。在碳中和背景下，我国将继续大力发展清洁能源，给清洁能源行业的发展带来诸多机遇。

首先是风能，风能是由空气流动产生的动能，深受地形影响，沿海地区和开阔大陆的收缩地带比较丰富。风能的优点在于可再生、无污染、储量大，缺点在于相关装置体积大、耗材多、投资高、对技术的要求比较高。

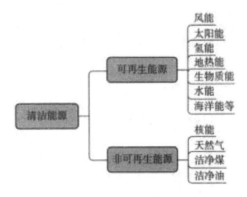

图 5-3 清洁能源的主要类型

风能可以根据需要转化为机械能、电能、热能等,目前应用比较多的是将风能转化为电能,即风力发电。风电是我国重点发展的清洁能源项目之一,我国风电新增装机量连续多年居世界首位,风电已经成为仅次于火电、水电的第三大电力来源。

在我国,风力发电源于西北、东北和华北地区(简称"三北"地区),主要经历了两个发展阶段,一是建设风力发电基地,二是融入大电网。陆地风电发展面临的最大问题是风力资源富集区与电力需求较高的区域不匹配,"三北"等风电资源区存在严重的弃风现象,新疆、甘肃、内蒙古三大区域的弃风率之和近30%,弃风电量在全国弃风电量中的占比超过80%。

为了解决这一问题,我国在风电资源区之外创新地发展出低速风电产业,引领世界风电向着更长叶片、更高塔筒、定制化设计、全生命周期的方向发展。据研究,我国中东部和南部地区蕴藏着近10亿千瓦的低速风电资源,目前开发率不足2%,再加上这些地区对电力需求较大,不易发生弃风现象,因此这些地区的低速风电资源拥有广阔的开发空间。在此背景下,我国专注于低风速风资源开发的分散式风电项目迅速崛起。

在风力发电领域,海上风电是非常重要的组成部分,对风电技术进步、产业升级产生了积极的推动作用。相较于陆上风电,海上风电的优点主要表现在三个方面,分别是距离负荷中心近、风机利用效率高、不占土地资源。根据世界海上风电论坛(World Forum Offshore Wind,WFO)发布的《2020 年全球海上风电报告》,2020 年全球海上风电新增装机容量为 5206 吉瓦,新增装机容量再创历史新高,投入运营的海上风电场新增 15 个,达到了 161 个。

近几年,在我国,山东、江苏、浙江、福建、广东等地的海上风电得到了快速发展。在未来的发展中,海上风机的功率会不断提高,运输吊装运维设备和船舶将更加专业,风电产业链将不断完善,最终实现快速发展。

二、氢能:21 世纪的"终极能源"

氢能指的是氢和氧进行化学反应释放出的化学能,是一种清洁的二次能源,具有能量密度大、零污染、零碳排放等优点,被誉为 21 世纪的"终极能源"。目前,氢能发展正处于初级阶段。未来,随着相关技术取得重大突破,氢能产业将迈入快速发展阶段。在氢能利用方面,日本掌握的专利最多,三菱、松下、丰田等企业在氢能利用领域积极布局,形成了全产业链优势。

据预测,到 2050 年,世界能源将形成"四足鼎立"格局,这"四足"分别是天然气、石油、煤炭和新能源,其中氢能占比大约为 18%,年均创造市值约 2.5 万亿美元。未来 10~20 年,随着氢能应用场景不断丰富,世界氢能产业将进入快速发展阶段。目前,日本正在加速发展涡轮氢气发电机、氢燃料电池商用车、氢能冶金等产业。具体来看,未来氢能终端应用产业如图 5—4 所示。

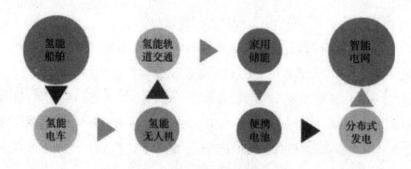

图 5—4　氢能应用的产业领域

在氢能产业发展过程中,氢气运输是一大难题。未来,氨气可能成为氢气大规模运输的重要载体。目前,很多国家都在积极布局氨燃料产业,欧洲、日本、韩国、中国等国家和地区正在加速氨燃料船舶研发。以日本为例,日本正在努力构建涵盖船舶建造、设备研制、燃料加注等环节的氨燃料船舶产业链。另外,在发电领域,日本计划到 2030 年实现氨煤混烧,将燃煤发电站的用煤量减少 20%,最终实现氨气发电。

目前,氢能的大规模开发与利用也面临着一些挑战,具体表现在以下两个方面。

(一)氢能利用的经济性挑战

对于氢能利用来说,技术可行只能解决一方面的问题,想要实现大规模应用,必须达到经济可行。

在现有的制氢方案中,灰氢具有明显的成本优势,但为了减少二氧化碳排放,利用可再生能源发电进行电解水制氢是最好的路径。然而在目前的技术条件下,可再生能源发电的成本比较高,电解槽的能耗较大、投资较高,导致电解水制氢的成本比较高。未来,随着这两个问题得到解决,绿氢生产成本将大幅下降。

根据国网能源研究院发布的数据,在电解水制氢的成本结构中,电价占比超过 70%,在很大程度上影响着电解水制氢的成本。目前,在国内市场上,电解水制氢的成本为 30~40 元/千克,比煤制氢的成本 15.85 元/千克高很多。

氢能利用的经济性不仅深受绿氢制取成本的影响,也深受碳价高低的影响。根据彭博新能源发布的《氢能经济展望》,如果到 2050 年碳价达到 50 美元/吨,就可以刺激钢铁行业用氢气取代煤炭;如果到 2050 年碳价达到 60 美元/吨,就可以刺激水泥行业使用氢气取代煤炭;如果到 2050 年碳价达到 75 美元/吨,就可以刺激制氨企业使用氢气;如果到 2050 年碳价达到 145 美元/吨,制氢成本降至 1 美元/千克,就可以刺激船只使用氢气。据研究,到 2031 年,随着制氢技术不断成熟,制氢成本不断下降,重型卡车以氢气为燃料的成本可能比以柴油为燃料的成本更低。

(二)大规模运输难、储存难

目前在国内,氢能储运是一大难题,不仅无法实现大规模储运,储运安全问题也没有得到有效解决。国内储运氢能主要采用气态高压氢储运方式,除此之外也有少量液氢储运、吸附储氢等方式。

从总体看,气态高压氢储运方式比较成熟,可以自由调节充放氢的速度,但储氢密度低,对容器的耐压性有极高的要求。目前,气态高压氢储运主要应用于车用氢领域,虽然这种方式已经比较成熟,但关键零部件仍依赖进口,储氢密度有待提升。

低温液态储氢的密度较高,液态氢的纯度也比较好。但因为氢在液化过程中要消耗大量能量,要求储氢容器具有较好的绝热性,在一定程度上增加了设备材料成本。另外,液氨甲醇储氢操作复杂,气体充放效率比较低。如果使用有机材料、金属合金等固态储氢,虽然安全性较高,储存压力较低,运输比较方便,但储存物价格比较高,储存释放条件也比较苛刻。目前,我国相关机构与企业正在对这种储氢方式进行研究,但与国外先进水平存在较大差距,短时间内很难实现规模化商用。

三、核能:坚持发展与安全并重

核能是原子核裂变或者聚变释放出来的能量,又称为原子能。目前,核能利用的主要方向是核能发电,优点在于低碳环保,缺点在于废物处理难度高,存在较大的风险。

从核能产生的原理来看,核能发电的途径主要有两条,一是核裂变发电,二是核聚变发电。经过多年研究与探索,核裂变发电技术不断改进,目前已经发展到了第三代,安全性、核燃料利用率以及经济性都有了很大的提升,废物产生量大幅减少,而核聚变发电技术仍处在研究阶段。

近年来,国内外核能综合利用技术取得了较大突破,小型且简单的核能发电和产热机组——小型核动力堆引起了广泛关注,成为研究热点。小型核电的应用范围极广,可以满足分布式能源系统在供电、供热、工业供汽和海水淡化、同位素生产等领域的应用需求,是顺应全球能源低碳化、扩大能源应用范围的重要举措。因此,世界各国开始重点推进多用途核电小堆建设。例如,比尔·盖茨创办的核能企业 Terra Power 计划建造小型核电站,完善由风能、太阳能等清洁能源构成的电网,来弥补这些能源无法持续供应的缺点。在国内,国家电力投资集团在齐齐哈尔市建设核能供热小堆,率先实现了"无煤化、零碳化"供暖。

随着科技不断发展,尤其是超导材料、量子计算机等技术取得重大突破,可控核聚变技术有可能落地应用。在该技术的支持下,核聚变电站有望源源不断地产生能源。2021年,中国"人造太阳"首次实现1亿℃"燃烧"近100秒,推动世界可控核聚变能源研究迈向新高度。

虽然核能应用潜力巨大,但在现阶段,核能发展面临着很多问题,这些问题主要表现在经济、安全和环境三大方面,包括资金来源不稳定、核废料处理技术不成熟、公众接受度较低、核设施与人员老化、核技术安全性有待提升等,如表5—4所示。

表5—4　核能发展面临的三类问题

问题	具体表现
资金投入大,投资周期长	核电项目不仅对技术要求高,对周边环境的要求也极高,包括地质环境、水文环境、气候条件、人居环境等,建设过程投资巨大,而且周期较长,导致投资成本回收周期较长
公众接受度较低	目前,公众对于核电的担忧主要集中在以下几个方面:核事故、核扩散、核恐怖主义和核废料处理。鉴于日本福岛核事故、苏联切尔诺贝利核电站事故、英国温茨凯尔核电站事故等核电站事故所造成的影响,很多国家掀起了反核热潮。因为公众反对,美国尤卡山核废物处置库未按计划完成建设,瑞典和德国被迫推出弃核政策
核能扩张和核原料消费量增加导致核扩散、核恐怖主义风险加剧	目前,在政局不稳、冲突不断的中东地区,核扩散风险比较严重。同时,恐怖主义、宗教极端势力的活跃,导致核恐怖主义风险加剧,在一定程度上限制了核电的发展

四、太阳能:碳中和下的光伏革命

太阳能指的是太阳发出的光能,可以转化为热能、电能、化学能等不同形式的能源。目前,太阳能的利用方向主要是太阳能发电、太阳能取暖等。随着科技不断发展,太阳能光伏发电的应用范围不断拓展。我国的太阳能资源非常丰富,太阳能应用形式也比较多元化,除太阳能发电外,还有太阳能集热器、太阳能温室、太阳能干燥、太阳能制冷等。

我国对太阳能的利用比较早,是全球最大的太阳能热水器生产应用国,太阳能光伏电池产量位居世界前列。具体来看,我国太阳能光伏产业的发展主要经历了五个阶段,如表5-5所示。

表5-5 太阳能光伏产业发展的五个阶段

阶段	成就
初步导入期	《京都议定书》签订后,美国、德国等国家发布扶持可再生能源计划,我国也诞生了第一批光伏企业
快速发展期	随着欧美等国家相继发布光伏政策,中国光伏制造企业积极引进国外资本与技术,利用国外市场发展壮大。在这一阶段,全国各地建成几十个光伏产业园,太阳能电池产量以年均143.72%的速度快速增长,在全球市场所占份额快速提升,在2010年超过了50%
产业挫折期	经过几年时间的快速发展,我国太阳能光伏产业出现了产能过剩现象,而且90%以上的原材料依赖进口。2008年金融危机发生后,欧盟减弱了对光伏产业的政策支持,并对中国光伏企业进行反倾销、反补贴调查,对我国光伏产业的发展造成了严重冲击
国家补贴期	2012年12月,国务院围绕太阳能光伏产业发展出台了五项措施。2013年,国务院发布《关于发挥价格杠杆作用促进光伏产业健康发展的通知》,进一步完善了光伏发电的价格政策,确定分布式电价补贴标准,刺激国内需求,帮助光伏企业脱离困境、重获新生
规模化发展期	2020年,受新冠肺炎疫情的影响,全球经济倒退,然而我国光伏行业逆流而上,取得了令人瞩目的成就,保持并延续了多项世界第一。应用市场实现恢复性增长,2020年我国光伏新增装机共48.2GW,连续8年位居全球首位;累计装机量达到253GW,连续6年位居全球首位;产业规模持续扩大,制造端四个主要环节实现两位数增长,多晶硅产量共39.2万吨,连续10年位居全球首位

在前四个阶段,光伏产业的发展深受政策影响,政策支持、政府补贴力度大,产业发展速度就快。但政策支持只能作为辅助手段,光伏产业想要实现健康可持续发展必须逐渐摆脱政策影响。从2020年开始,政府补贴退出光伏市

场,在不断发展的光伏技术的支持下,光伏发电成本不断下降,开启了光伏大规模发电时代。

目前,太阳能光伏电池主要有两类,一类是晶体硅电池,另一类是薄膜电池,其中晶体硅电池所占市场份额超过了90%,薄膜电池占比极小。经过长时间的发展,我国光伏发电领域形成了比较成熟的产业链。根据光伏协会公布的数据,2020年,我国多晶硅产量39.2万吨,硅片产量161.3吉瓦,光伏发电量2605亿千瓦时,相较于2019年都有大幅增长。

薄膜电池的市场占比之所以小,主要是因为它是一项新技术。随着生产成本不断下降,碲化镉电池出货量将快速增长。铜铟镓硒薄膜电池转换效率提升较快,吸引了汉能、中建材、国家能源集团等企业纷纷布局。

除太阳能发电外,太阳能发热也引起了广泛关注。这里的"发热"不仅是指利用太阳能加热水,还包括利用太阳能取暖、制冷、烘干,将太阳能用于工业生产等。随着太阳能与建筑一体化技术不断发展,主动太阳房、被动太阳房、太阳能热发电、太阳能制冷等技术发展速度将越来越快,产业链将逐渐成熟。

五、地热能:来自地球深处的新能源

地热能是存储在地球内部的一种热量,不同的温度有不同的利用途径,150℃以上的高温地热资源主要用来发电,90℃~150℃的中温地热资源与25℃~90℃的低温地热资源可以用于工业、农业、医疗、旅游及日常生活的各个场景,25℃以下的浅层地温主要用来供暖、制冷。作为新能源的重要组成部分,近年来,地热能受到了广泛关注,应用模式不断拓展,从简单的地热温泉逐渐转向地热发电等深度开发模式,切实提高了地热资源的利用效率。

集中供暖是地热能应用的一个主要场景。利用地热能集中供暖可以切实提升地热能的利用效率,减少能源损耗。冷热站将深层的地热井供暖与浅层的地源热泵制冷相结合,可以实现集中供暖与集中制冷,提高能效,为人们创造一个更加舒适的生活环境。

地热能更高级的应用就是地热发电。2010年以来,全球地热发电累计装机容量不断增长,2019年达到了13.93吉瓦。虽然我国拥有丰富的地热资源,但大多存储在地下几千米深处的干热岩中,由于现阶段的开采技术尚不成熟,开采成本极高,只有少数区域可以直接利用高温地热资源发电。

六、海洋能:海洋中的"绿色燃料"

海洋能指的是海洋中蕴藏的丰富的可再生能源,包括海水温差能、潮汐能、波浪能、海流能(潮流能)、海水盐差能等。因为类型丰富,所以海洋能的利用场景比较多,发展前景比较广阔。下面,我们对海洋能开发利用技术进行简单介绍。

(一)新型潮汐能技术

潮汐能指的是海水在周期性涨落运动中所产生的能量,目前主要用于发电。潮汐发电的原理与水力发电相似,建筑拦潮坝,利用潮水涨落形成的水位差推动水轮机带动发电机进行发电。因为潮汐具有间歇性,再加上蓄积的海量流量比较大,海平面的落差较小,所以潮汐发电对水轮发电机的结构与性能提出了较高的要求。

目前,潮汐能利用方式分为两大类型:一类是传统利用方式,包括单库双向、单库单向、双库单向和双库双向;另一类是新型利用方式,包括潮汐潟湖、动态潮汐能等。迄今为止,通过建造拦潮坝利用潮汐能的技术已经发展了数十年,形成了比较成熟的商业模式。目前,拦坝式潮汐电站主要采用单库方式,典型案例如 1966 年建造的法国朗斯电站、1984 年建造的加拿大安纳波利斯电站,前者涨潮落潮都可以发电,后者只在落潮时发电。

(二)潮流能技术

潮流能与潮汐能相伴相生,都是月球引力、太阳引力对海水作用引发的,两者的不同之处在于潮流能是海水在月球引力、太阳引力的作用下周期性水平运动形成的动能,潮汐能是海水周期性涨落形成的势能。

潮流能的发电原理与风力发电相似,简单来说就是将水流的动能转化为机械能,再将机械能转化为电能。2008 年,MCT 公司在北爱尔兰特兰德湖安装了一台全尺寸的海流涡轮机原型机,同年12月该机组的装机容量超过1.2兆瓦,成为世界上第一个实现商业化运行的潮流能发电系统。

2016年1月,我国第一台自主研发的潮流能发电机组——"LHD林东模块化大型海洋潮流能发电机组"总成平台在浙江舟山下海,除总成平台系统外,该机组还有14个系统,共拥有50多项核心专利,装机容量3.4兆瓦,装机功率世界最大。同年7月,两个24米高、230吨重的发电组模块精准吊装至海下总成平台,标志着我国潮流能发电进入"兆瓦时代",我国的潮流能发电技术跻身世界前列。

(三)波浪能技术

波浪能是由风能转化而来的一种能量。风通过海—气作用将能量传递给海水形成波浪,将能量储存为势能与动能。据统计,全球可利用的波浪能大约有30亿千瓦,超过当前全球发电总量。

我国沿海地区的波浪能非常丰富,但分布不均。其中,台湾地区沿岸地区的波浪能最丰富,大约为429万千瓦,占全国波浪能储量的1/3,其次是浙江、广东、福建和山东沿岸,波浪能储量大约为706万千瓦,占全国波浪能储量的55%。

一般来说,波浪能发电装置由一级能量转换系统、二级能量转换系统和三级能量转换系统构成。根据一级能量转换系统的不同,波浪能发电技术可以分为吸收式、截止式、消耗式三种类型;根据二级能量转换系统的不同,波浪能发电技术可以分为气动式、液压式、液动式、直驱式四种类型。

七、生物质能:广泛应用的清洁能源

生物质能被誉为"世界第四大能源",前三大能源分别是煤炭、石油和天然气。生物质能指的是通过植物的光合作用,以直接或间接的方式将太阳能转化为化学能后,在生物体内存储的能量,是一种碳中性能源,在生长过程中吸收二氧化碳,在燃烧过程中释放二氧化碳,从而达到碳平衡。

生物质能的优点在于来源广泛、成本低廉,目前主要用于发电、供热、制气、制油、制生物质碳等,可以满足工业时代对所有能源商品的需求。在全球可再生能源利用结构中,生物质能终端使用占比超过了一半。在欧洲,生物质能在新能源中的占比远高于风能、太阳能,超过了60%。

发电是生物质能的一个典型应用场景,也是我国生物质能发展的主要方向。生物质能发电可以分为直接燃烧发电、混合燃烧发电、垃圾发电、沼气发电和气化发电五种类型。在农村地区,利用秸秆、畜禽粪污、有机生活垃圾发电,生产沼气、生物天然气,不仅可以实现清洁供电、供暖,还可以解决农村地区的环境污染问题,为美丽乡村建设添砖加瓦。

八、分布式储能:迈向智慧储能时代

储能指的是将电能转化为其他形式的能源储存起来。随着智能电网、可再生能源发电、分布式发电、微电网快速发展,大量分布式电源接入配电网。为了解决分布式系统带来的高负荷与随机性问题,技术人员开发了分布式储能技术,这些分布在用户侧的储能系统与分布式发电系统相结合构成了分布式能源网络。随着经济社会不断发展,对稳定供电的需求持续增加,分布式储能的应用前景非常广阔。

根据CNESA统计,截至2020年底,全球已投运储能项目累计装机规模达到191.1吉瓦,同比增长3.4%。其中,抽水蓄能的累计装机规模最大,占比90.3%,其次是电化学储能,占比7.5%。抽水蓄能项目主要用于发电侧储能,可以削峰填谷,让电力供应保持稳定。

分布式储能系统主要由各类储能设备以及智能微电网系统构成,燃料电池、固态电池、超级电容器、液流电池等拥有广阔的发展空间。目前,由于技术不成熟、成本居高不下、没有形成成熟的商业模式与完整的产业生态,分布式储能系统陷入了发展困境,但同时也面临着良好的发展机遇。

综上所述,在碳中和背景下,清洁能源行业将迎来诸多发展机遇,包括成熟技术的推广应用、新技术开发与应用、最新研究成果的产业化应用等。在清洁能源发展方面,我国固然要抢占先机,但也要明确发展方向,做好战略规划,把握发展节奏,稳扎稳打,有序推进。

第三节　智慧能源:构建全球能源互联网战略

一、推动全球能源革命的战略构想

2015 年 9 月,习近平主席在联合国大会上提出构建全球能源互联网的倡议,这一倡议迎合了全球能源互联网发展的主流趋势,号召世界各国增进合作,共同创建全球能源互联网,体现了创新、协调、绿色、开放、共享的发展理念。如果这一倡议能够落地,将对整个人类社会的可持续发展产生深远影响。

一直以来,能源安全都备受关注。早在 2014 年,我国就围绕能源安全问题提出了四个革命的构想,分别是能源消费革命、能源供给革命、能源技术革命和能源体制革命。我国提出的构建全球能源互联网的倡议,是面向全球能源革命的一种创新性构想,涉及能源输送、能源调度、能源供给三个方面的内容,不仅有利于推动我国的能源革命,还为全人类共同应对能源枯竭、气候环境恶化等问题指明了方向。

目前,构建全球能源互联网迎来了最好的时机。随着能源供需矛盾越发突出,化石能源大规模使用带来的环境问题越发严峻。为了应对气候变化、遏制温室效应,世界各国都在努力推动能源技术革新,开发清洁能源,加快电网建设,全球能源网络化的发展趋势越发明显。在此形势下,我国提出构建全球能源互联网的倡议恰逢其时,得到了其他国家的广泛认同与积极响应。

构建全球能源互联网的倡议为全球能源发展提供了一条新路径,也向世界证明了中国正在为全球能源发展贡献自己的力量,正在用"中国智慧"推动人类文明进步,为世界经济的可持续发展保驾护航。

1.全球能源的可持续发展必须依赖创新

在全球能源互联网建设过程中,必然会伴随着能源技术创新、体制创新和管理创新,以满足能源输送、能源调度和能源供给改革需求。

2.全球能源互联网的发展必须注重协调

能源分布不均衡、能源发展不协调是全球能源发展的现状。全球能源互联网可以利用特高压电网将"一极一道"(北极风电、赤道太阳能)的电能输送到世界各地,满足能源优化配置要求,为世界各国能源协调发展提供强有力的保障。

3.全球能源发展要坚持绿色发展理念

全球能源互联网建设要扩大绿色清洁能源使用范围,减少化石能源在能源消费结构中的占比,切实减少碳排放,解决大气污染问题,保证人类社会实现可持续发展。

4.全球能源发展必然要走向开放

全球能源互联网建设有利于各国积极参与全球治理,增加公共产品供给,以能源为核心开展深度合作,形成互利合作的局面。

5.全球能源发展最终要实现共享

全球能源互联网可以将清洁能源输送到世界各地,满足世界各国对清洁能源的需求,共享发展成果。

二、特高压、智能电网与清洁能源

2017年2月,全球能源互联网发展合作组织发布《全球能源互联网发展战略白皮书》,对全球能源互联网建设做出了规划。从结构上看,全球能源互联网要以特高压电网为骨干,以坚强智能电网为基础。从落地建设来看,全球能源互联网建设分为三个阶段,分别是国内互联阶段、洲内互联阶段和洲际互联阶段。

据《全球能源互联网发展战略白皮书》预测,全球能源互联网建设能够带动超过50万亿美元的投资。2030—2050年,各洲电网有望实现初步连通,全球能源互联网将逐渐成形。

在全球能源互联网建设过程中有三个关键点,分别是特高压电网建设、泛在智能电网建设和清洁能源开发,具体如表5-6所示。

表 5-6　全球能源互联网建设的三大关键点

关键点	优势
特高压电网建设	特高压电网可以低能耗、远距离、大规模地输送电能,降低跨区域、跨洲输电成本
泛在智能电网建设	泛在智能电网可以对能源进行智能化调度,提高电网的可靠性、安全性、经济性、高效性,减少对环境的影响
清洁能源开发	清洁能源的类型非常多,包括水能、风能、太阳能、核能、海洋能、生物能等,储量巨大,只要开发其中的一小部分就可以满足人类社会发展所需

在全球能源互联网架构中,特高压电网是能源输送渠道,泛在智能电网是能源调度平台,清洁能源是核心供应资源。在它们的相互作用下,全球能源互联网成为一个互联互通的网络,推动全球能源配置方式发生巨大变革。

2020 年 12 月 27 日,乌东德水电站送电广东、广西特高压多端柔性直流示范工程正式建成投产,这是我国西电东送的重点工程之一,也是世界上第一条±800 千伏特高压多端柔性直流输电工程。很多业内人士认为,该工程的建成投产标志着我国先于其他国家系统地掌握了特高压多端混合柔性直流技术,带领世界特高压技术进入柔性直流新时代。

在此之前,受直流输电、交流输电技术特性的影响,世界上绝大多数国家采用的是"直流送电、交流组网"模式。因为直流输电主要适用于点对点、远距离、大容量电源外送,无法组网,想要实现电网互联只能借助交流输电。虽然"直流送电、交流组网"模式适用范围极广,但面临着"多直流馈入"问题,即当大流量的常规直流汇入电网,一旦常规直流线路"闭锁",电网就会缺电,导致供电中断。

柔性直流可以很好地解决这一问题。柔性直流是一种"电压源型"直流输电技术,可以更灵活地控制电压与频率,提高供电系统的稳定性。作为我国电网升级的重要技术手段,柔性直流输电可以解决现有电网存在的很多问题,对城市配电网进行增容改造,促使异步交流系统实现互联,推动大规模新能源发电并网等,弥补传统交流电网的缺陷。

近年来,我国积极推进特高压电网建设,根据国家电网发布的数据,截止到2021 年 2 月,我国已经有"十三交十一直"24 项特高压工程投入运营,累计线路长度 35583 公里、累计变电(换流)容量 39667 万千伏安(千瓦),除此之外还有"一交三直"4 项特高压工程处于核准、在建状态。

根据我国电力行业的"十四五"发展规划,到 2025 年,我国特高压直流工程将达到 23 个,总输送容量达到 1.8 亿千瓦。未来,我国特高压电网建设将进入常态化核准状态,在最大程度上推动能源互联网建设。

我国能源分布不均,能源供给地与能源消耗地距离较远,往往需要长距离输送。在碳中和背景下,为了满足清洁电能大规模、远距离输送需求,我国将大力推进特高压电网建设。在特高压直流输电系统建设的成本结构中,换流站的占比最高,大约为 30%。在换流站建设的成本结构中,换流阀/IGBT、直流避雷器、控制保护系统和换流变压器等占据了绝大多数份额。也就是说,随着能源互联网建设不断推进,IGBT、换流变压器、直流避雷器、桥臂电抗器等市场将实现大爆发。

三、我国构建能源互联网的实践路径

随着能源结构不断升级,清洁能源和新能源的占比不断提升,为了提高清洁能源与新能源的消纳水平,必须实现多能互补,让多种能源实现协调发展。在发展新能源的过程中,以大数据、云计算为代表的新一代信息技术将深度融入其中,推动新能源行业向智能化、信息化的方向快速发展。能源互联网是能源行业与信息行业高度融合的结果,将分布式发电、储能系统、负荷等组成众多微型能源网络,推动能源格局与能源体系发生巨大改变,催生新的商业模式与发展机遇。

(一)我国能源互联网建设的成效

目前,我国能源互联网在信息化转型、数字化建设方面取得了显著成效,具体表现为表 5-7 所示的几个方面。

表 5－7　我国能源互联网建设取得的四大成就

序号	成就
1	能源行业已经建立起比较完善的互联网基础设施,形成了一定的数字化能力,只是在数据利用方面稍显乏力
2	由于能源行业属于设备密集型行业,所以有很多高价值的设备,这些设备的智能化程度比较高,数据开放性比较好
3	目前,大多数能源企业配备了 DCS(Distributed Control System,分布式控制系统)、SCADA(Supervisory Control and Data Acquisition,数据采集与监视控制系统)、MES(Manufacturing Execution System,制造执行系统)等相应的控制层软件或系统,可以对控制数据、生产过程中产生的数据进行实时采集
4	大部分能源企业建立了以 ERP 为核心的运营体系,可以实时获取运营数据

(二)我国能源互联网建设的不足

目前,我国能源行业对数据的利用水平不高,可以获取数据,但无法对数据进行深入挖掘,发挥其应有的价值,主要表现为两个方面,如表 5－8 所示。

表 5－8　我国能源互联网建设的不足

不足	具体表现
能源行业的数据管理体系不完善	例如系统数据无法精准对接、数据结构多样化、数据存储方式存在较大差异、数据标准缺失等,导致企业获取的数据质量不高,很多数据都无法使用
数据分析能力亟待提高	能源企业的数据分析仅限于对数据进行简单的统计分析,将其以表格的形式呈现出来,对机器学习、流计算、批处理等新技术持观望态度,应用能力不足,导致现有数据无法发挥出应有的价值

(三)我国能源互联网建设的实践路径

现阶段,能源行业迫切需要接入工业互联网,借助互联网提升数据分析、挖掘与应用能力,完成智能化、数字化升级。具体来看,互联网对能源行业智能化升级的支撑作用主要表现在以下两个方面。

(1)工业无线、时间敏感网络(Time Sensitive Networking,TSN)、IPv6(Internet Protocol Version 6,互联网协议第 6 版)、5G 网络、低功耗广域网等技术可以快速打通能源行业的信息流,对行业关键数据进行整合利用。

(2)借助工业数据管理与分析、工业智能、工业微服务等技术,能源企业可以对获取的数据进行深度挖掘与应用。能源行业接入工业互联网之后,其数据挖掘能力将大幅提升。

随着智能技术不断成熟,基于数据驱动的设备预测性维护、工厂能耗优化、企业智能化管理、产业链协同管理、安全环保生产等典型应用场景将在火电、风电、核电、石化、光伏等行业频频出现。在这些系统和应用的支持下,能源行业将不断降低设备运维成本,提升企业的整体管理水平,实现行业内企业相互协作,使各类资源得到优化配置,最终实现节能减排、提高环保水平的双重目标。

四、占领全球能源互联网制高点

随着新一轮科技革命席卷全球,能源市场全球化的发展趋势越发明显,我国提出构建全球能源互联网的倡议正好顺应了这一趋势。作为构建全球能源互联网倡议的发起国,我国要紧抓机遇,利用在关键技术领域的优势,在全球能源互联网建设过程中抢占优势地位,努力发挥引领作用。为了做到这一点,我国要从技术、资本、管理理念等多个层面发力,秉持新发展理念,积极推动全球能源互联网建设,让能源在世界范围内实现自由流通,让全人类共享发展成果。

(一)推动思想理论创新

全球能源互联网建设是一场思想、技术、管理、体制等多维度的创新,其中思想创新尤为关键。因此,为了更好地推动全球能源互联网建设,相关机构与人员要深入学习习近平同志关于全球能源互联网的论述,以交叉学科为基础做好学科建设,为全球能源互联网建设提供理论支持。

(二)搭建管理与合作平台

在全球能源互联网建设过程中,搭建一个高规格的监管平台非常重要。对内,我国可以成立专门的监管机构,鼓励能源企业"走出去";对外,我国要参考国际组织标准,成立一个全球性的能源互联网发展合作组织,定期举办全球能源互联网大会,实现全球能源体系的互联互通。

(三)加大技术创新力度

科学技术是第一生产力,科技创新为全球能源互联网建设提供了重要支持。在创新主体方面,我国要积极推进国家级研究院或实验室建设,鼓励中国电力科学院等机构带头加强与其他国家的技术交流与合作,在关键技术领域取得重大突破。在模式推广方面,我国要坚持"点面结合"原则,"点"指的是在部分地区进行技术试点,在试点应用的过程中逐渐形成完善的技术体系;"面"指的是将全球的优势力量集中在一起,创建一个更高效、更先进、更安全的全球能源互联网。

(四)优化资金支持环境

全球能源互联网建设是一项全球性的基础设施建设工程,需要巨额资金支持。为了满足工程建设对资金的需求,需要创建一个良好的金融环境,推动融资模式创新。首先是金融主体创新,可以围绕全球能源互联网建设创建专门的投资基金和开发银行;其次是金融工具创新,可以在一些国家和地区尝试发行全球能源互联网债券,创建全球能源期权、期货市场。随着这些举措逐步落地,在理想情况下,全球能源互联网建设将获得全球资本的支持,同时也将为全球资本拓展新的投资空间。

第六章　推进碳中和——低碳工业

党的二十大报告明确提出,要积极稳妥地推进碳达峰碳中和,协调推进降碳、减污、扩绿、增长,完善能源消耗总量和强度调控,重点控制化石能源消费,逐步转向碳排放总量和强度"双控"制度。工业是节能降碳的重点领域,也是实现碳达峰碳中和目标的关键。实现碳达峰碳中和是新发展阶段赋予工业领域的重大使命任务。

工业是我国能源消费和碳排放的重要领域之一。党的十八大以来,工业战线牢固树立和践行绿水青山就是金山银山的理念,坚持走绿色低碳循环发展之路,取得了显著成效。在能耗水耗方面,规模以上工业单位增加值能耗在"十二五""十三五"分别下降 28%、16% 的基础上,2021 年又进一步下降 5.6%,万元工业增加值用水量在"十二五""十三五"分别下降 35% 和近 40% 基础上,2021 年进一步下降 7%。在资源综合利用方面,2020 年一般工业固废的综合利用率达到 55.4%,再生资源回收利用量约 3.8 亿吨。在培育绿色发展新引擎方面,2012 年以来,环保装备制造业总产值年复合增长率超过 10%。

实现工业领域碳达峰碳中和对于推进我国新型工业化进程将产生巨大影响。习近平总书记指出,推进碳达峰碳中和,不是别人让我们做,而是我们自己必须要做,但这不是轻轻松松就能实现的,等不得,也急不得。立足新发展阶段,贯彻新发展理念,构建新发展格局,工业领域要坚定不移地沿着习近平总书记指引的方向,按照党的二十大部署要求,坚持走生态优先、绿色低碳的高质量发展道路,既要坚定积极地推进碳达峰碳中和,也要做到稳妥有序,不能急于求成、搞"一刀切"。

积极稳妥地推进工业领域碳达峰碳中和,要控制和减少重点高耗能行业碳排放。基于我国工业发展情况来看,长期以来,钢铁、石化化工、有色金属、建材等行业既是"用能大户",也是"碳排放大户"。因此,全力推动钢铁、石化化工、有色金属、建材等重点行业碳达峰对于实现工业领域"双碳"目标至关重要。要实施好钢铁、石化化工、有色金属、建材等重点行业节能降碳改造,切实抓好《工业领域碳达峰实施方案》《建材行业碳达峰实施方案》等政策的贯彻落实。

第一节　低碳工业:推动制造业绿色循环发展

一、工业低碳发展的概念与内涵

在我国,工业是低碳减排的重点行业。据统计,工业能耗占比与碳排放占比都在 70% 左右,因此减少工业的碳排放,推动工业实现低碳发展,成为我国经济低碳转型、绿色发展的关键。

(一)工业低碳发展的内涵

工业低碳发展指的是探索一种低耗能、低污染、低排放的可持续发展模式来发展工业,让工业增长与碳排放实现深度脱钩。想要判断一个国家或地区的工业是否低碳,首先要根据碳排放水平将该国家或地区的所有行业划分为低碳行业与高碳行业。顾名思义,低碳行业指的是碳排放水平较低的行业,包括服装行业、办公用品制造业等;高碳行业指的是碳排放水平较高的行业,包括发电行业、钢铁行业等。如果在一个国家的工业构成中,低碳行业占比较大,就可以简单地认为该国的工业是低碳工业;如果高碳行业占比较大,那么该国的工业就是高碳工业。

但在很多情况下,一个国家和地区总是低碳行业与高碳行业同时存在,无法准确地界定其工业是低碳工业还是高碳工业。另外,一个国家或地区的工业总是处在发展状态,其碳排放水平也在不断变化。

(二)影响工业低碳发展的因素

在目前的工业技术体系下,受供给侧、需求侧、政府政策、市场机制等因素的影响,工业低碳发展呈现出阶段性的特征。下面对影响工业低碳发展的四大因素进行具体分析,如图6-1所示。

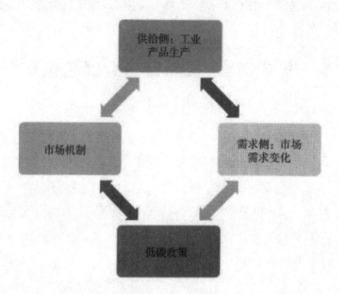

图6-1 影响工业低碳发展的四大因素

1.供给侧,主要指工业产品生产

这个环节的影响因素主要包括三种:一是规模效应,生产规模的改变,原材料、能源等资源投入的调整会影响产品生产过程中的碳排放;二是技术效应,生产技术的改变、单位产品能耗的调整会对产品生产过程中的碳排放产生影响;三是结构效应,产业或产品结构的改变、高排放生产过程和低排放生产过程占比的调整会影响碳排放。

总体来看,规模效应会导致碳排放增加,技术效应会导致碳排放减少,结构效应在不同的阶段会对碳排放产生不同的影响。工业化初期,规模效应发挥的作用比较大。随着工业化进程不断推进,结构效应发挥的作用不断增大。随着重工业在工业结构中的占比达到最大,工业的产业结构会有所调整,附加值高、碳排放低的工业会迅速崛起,工业技术水平不断提高,技术效应的影响不断增大。

对我国工业从1978年至今的碳排放情况进行分析可以发现:改革开放初期,我国轻工业发展速度非常快,碳排放水平较低;随着工业化进程不断推进,重工业快速发展,碳排放水平不断上升。从2012年开始,我国工业产业结构开始了新一轮的调整,部分行业的碳排放水平在这一年达到了峰值,之后开始下降。

2.需求侧,主要指市场需求变化

在居民收入水平较低的时期,人们对食物、服装等轻工业品的需求比较大;随着收入水平不断提升,城市化进程不断加快,人们对汽车、住房等重工业产品的需求越来越大;随着居民的收入水平进一步提升,人们对环境、卫生、教育、文化等产品的需求会持续增加。因为轻工业品、重工业品与文化、教育等产品的碳排放不同,所以随着人们的需求不断改变,碳排放也会发生变化。

3.低碳政策

因为碳排放问题具有外部性,所以政策对工业低碳发展具有很大的影响。只有创建一个鼓励低碳减排的政策环境,相关工业企业才会主动引进先进技术,提高能效,降低能耗,减少碳排放。

4.市场机制

发达国家的实践经验表明,碳排放权市场可以有效降低工业低碳发展成本,提高工业企业降低碳排放的积极性,鼓励社会资本转向低碳产业。因此,为了鼓励工业企业降低碳排放,我国要建立相关的市场机制,完善碳排放权市场。

二、环境库兹涅茨曲线

20世纪50年代,诺贝尔奖获得者、经济学家库兹涅茨在研究人均收入水平与分配公平程度之间的关系时提出,随着人均收入水平不断提高,收入不平等现象会先升后降,呈现出一条倒"U"形曲线,这就是"库兹涅茨曲线"。

20世纪90年代,有研究者利用"库兹涅茨曲线"研究环境质量与人均收入之间的关系,发现随着人均收入水平不断提高,环境质量会不断恶化,但当人均收入水平提高到一定程度后,随着人均收入水平继续提高,环境质量会有所改善,整个过程也呈现出一条倒"U"形曲线,这就是"环境库兹涅茨曲线"。

环境库兹涅茨曲线应用于工业低碳发展领域揭示了一个非常重要的概念,即碳排放峰值问题。根据环境库兹涅兹曲线,当一个国家或地区的工业发展水平较低时,碳排放水平一般也比较低。随着工业不断发展,碳排放水平会不断提升。当工业发展到一定水平后,即人均收入水平达到某个临界值之后,随着人均收入水平不断提升,工业的碳排放水平就会开始下降,呈现出低碳化发展趋势。在整个过程中,临界值非常重要。在达到临界值之前,工业发展、人均收入水平提升会导致碳排放增长;在达到临界值之后,无论工业如何发展、人均收入水平如何提高,碳排放都会开始下降。这个临界值就是工业碳排放的峰值。

根据环境库兹涅茨曲线,工业低碳化发展要经历一个倒"U"形过程,即在工业化初期,工业碳排放开始增加,进入工业化中后期乃至后期,工业碳排放会达到峰值,之后开始下降。这个过程说明,在工业化发展的不同阶段,工业低碳化发展会呈现出不同的特征。例如,某国家在工业化初期就强调低碳减排,很有可能导致工业化发展不充分,给人们的生活水平、生活质量造成不良影响,无法实现可持续低碳发展。

根据工业低碳化发展的阶段性特征,可以将工业低碳化发展划分为四个阶段,如表6-1所示。

表6-1   工业低碳化发展的四个阶段

阶段	具体表现
高碳阶段	在工业化初期或者中期,随着工业化水平不断提高,碳排放也会不断增加。目前,印度等发展中国家正处在这个阶段
低碳阶段	在工业化后期,碳排放达到临界值,之后随着工业化水平不断提高,碳排放开始下降,工业增长与碳排放脱钩。目前,英国、美国等发达国家正处在这一阶段
稳定阶段	碳排放稳定在峰值阶段,不受工业化发展的影响。目前,丹麦等国家正处在这一阶段
转型阶段	转型阶段指的是从工业化中后期向工业化后期转化阶段,在这一阶段,碳排放不断接近峰值。目前,我国就处在这一阶段

三、绿色制造:创造新的经济增长点

在碳中和背景下,我国要推动制造业转型升级,大力发展绿色制造,构建绿色制造体系,转变发展理念,升级技术体系,完善相关标准,鼓励相关企业与机构在核心关键技术领域攻坚克难,推动整个工业体系转型升级,在这个过程中创造更多新的经济增长点。

根据《中华人民共和国国民经济和社会发展第十四个五年规划和 2035 年远景目标纲要》的要求，在"十四五"期间，我国要全面推进制造强国建设，发展绿色生产，推动传统制造业向绿色、低碳的方向转型，建立绿色低碳的产业体系。在制造业领域，未来几年，我国制造业发展要全面贯彻《中国制造 2025》的精神与理念，创建绿色制造体系，全面发展绿色制造。

根据绿色制造的相关理念，制造企业要在保证产品质量与功能的前提下，综合考虑资源利用效率以及生产过程对环境的影响，不断升级技术、优化生产系统，在产品设计、生产、管理全过程贯彻"绿色"理念，推动供应链实现绿色升级，开展绿色就业，降低生产过程对环境的影响，提高资源利用率，切实提高经济效益、生态效益与社会效益。

随着工业化进程不断推进，我国进入工业化后期，制造业的发展空间依然很大，但也面临着新一轮全球竞争带来的严峻挑战。在 2008 年国际金融危机结束后，全球进入经济复苏阶段，发达国家提出了低碳发展理念，对绿色经济发展产生了积极的推动作用。

在此形势下，我国将发展绿色制造纳入"十四五"发展规划的意义重大。一方面，发展绿色制造可以对新型工业化、"制造强国"建设产生积极的推动作用；另一方面，发展绿色制造可以推进经济结构调整，转变经济发展方式，在全球低碳市场提高竞争力，为能源安全、资源安全提供强有力的保障。

在"十四五"期间，为了做好绿色制造体系建设，我国要出台一系列正向激励政策，聚焦理念转变、技术支持、标准完善，对相关企业与机构进行鼓励、引导。具体来看，发展绿色制造要从四个方面着手，如图 6-2 所示。

完善绿色制造技术标准与管理规范

（一）完善绿色制造技术标准与管理规范

围绕绿色技术、绿色设计、绿色产品建立行业标准与管理规范。一方面，我国要对现行标准进行整理、汇总与清查，按照绿色可持续的原则对现有标准进行修订完善，尽快开发新技术、新产品标准，严格实施标准管理；另一方面，我国要积极参与国际绿色标准的制定，推动我国的绿色标准走向世界。

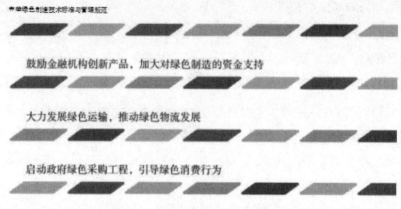

完善绿色制造技术标准与管理规范

鼓励金融机构创新产品，加大对绿色制造的资金支持

大力发展绿色运输，推动绿色物流发展

启动政府绿色采购工程，引导绿色消费行为

图6—2　发展绿色制造的四大策略

（二）鼓励金融机构创新产品，加大对绿色制造的资金支持

制造企业的绿色低碳转型需要大量资金支持，因此，我国要鼓励金融机构参与绿色制造的发展，专门针对制造企业的绿色低碳转型开发金融信贷产品，利用风险资金、私募基金等手段创建有利于制造企业绿色发展的风险投资市场。同时，中央财政、地方财政可以为优秀的中小制造企业提供担保，鼓励银行加大对绿色低碳转型的中小制造企业的信贷支持。

（三）大力发展绿色运输，推动绿色物流发展

我国要大力发展多式联运与共同配送，建立健全交通信息网络，推动运输环节实现绿色发展；创建绿色仓储体系与仓储设施，对仓储布局进行优化；研发绿色包装材料，推广应用绿色包装；鼓励绿色回收，按照快速拆除原则设计回收产品，鼓励相关机构与企业加大在回收技术领域的研发投入，建立并完善拆卸和回收生产线，同时完善回收基地建设；加大对专业回收机构与公司的扶持，鼓励企业与机构推出专业化综合利用服务，扩大回收范围，提高回收比率。

（四）启动政府绿色采购工程，引导绿色消费行为

我国要根据实际国情对《政府采购法》进行修补、完善，推动政府采购工程实现绿色化升级，根据绿色标识制定绿色采购产品目录和指南，面向不同的行业与产品制定绿色采购标准和清单，对政府实行绿色采购的责任与义务做出明

确规定，并制定完善的奖惩标准，同时在全社会开展宣传教育，引导企业制定绿色发展战略，帮助消费者树立绿色消费理念、培养绿色消费习惯。

四、绿色制造的闭式循环模式

在"制造－流通－使用－废弃"这种传统的制造模式下，企业与消费者都比较注重产品质量，忽视了对废弃物的处理。随着生产技术不断发展，产品更新换代的速度以及废弃物的产出速度不断加快，找到一种科学的方法对废弃物进行回收利用成为传统制造模式面临的最大难题。

如果说传统制造模式是一种开放的生产模式，那么绿色制造就是一种闭式循环的生产模式，因为它在传统制造流程中加入了"回收"环节。在绿色制造的闭式循环模式下，产品设计、材料选择、加工制造、产品包装、回收处理都要做到绿色、低碳。

（一）绿色设计

绿色设计指的是在设计产品的过程中，既要对产品性能、质量、开发周期、开发成本等进行综合考虑，也要对产品生产、使用过程对资源、环境的影响进行充分考虑，对各种设计因素进行优化，在最大程度上减少产品设计与制造对环境的影响。绿色设计是绿色制造的基础，要遵循六大原则，具体如表 6－2所示。

表 6－2　绿色设计需遵循的六大原则

原则	具体要求
宜人性	产品在制造、使用过程中不会对人和生态环境造成伤害
节省资源	这里的资源不仅包括各种材料与能源，还包括人力与信息等资源，绿色设计要求产品制造过程减少对上述资源的消耗
延长产品使用周期	使用标准化、模块化结构对易损零部件进行设计，以便在出现损坏时及时更换，从而延长产品的使用周期
可回收性	设计产品时尽量减少用材种类，尽量使用可回收、可分解的材料，以便在产品生命周期终结后可以回收再利用

原则	具体要求
清洁性	尽量使用污染较小,甚至没有污染的方法制造产品
先进性	满足消费者对产品的个性化需求

(二)绿色材料

绿色材料要符合能耗低、噪声小、无毒性、对环境无害等标准,即便对环境和人类有危害,也要可以采取措施减少或者消除这种危害。在绿色制造模式下,生产企业在选择绿色材料时要优先选择可再生材料,尽量选择能耗低、污染小、可以回收、环境兼容性比较好的材料,尽量规避可能对环境造成毒害或者辐射污染的材料,所选择的材料要满足可回收再利用、再制造、容易降解等标准。

(三)绿色工艺

绿色工艺又称清洁工艺,要求在提高生产效率的同时减少有毒化学品的用量,改善车间的劳动环境,降低产品生产过程对人体的损害,让产品实现安全与环境兼容,最终达到既提高经济效益,又减少对环境的影响的目的。

例如,改变原材料的投入、对原材料进行就地再利用、对回收产品进行再利用、对副产品进行回收利用等;改变生产工艺、生产设备、生产管理与控制,在最大程度上减少产品生产过程对生态环境、人类健康的损害,做好废弃物排放对环境影响的评价,采取有效措施予以控制。

(四)绿色包装

绿色包装要符合以下标准:第一,不会对生态环境、人体健康造成伤害;第二,可以循环使用或者再生利用;第三,可以促进可持续发展。按照发达国家的标准,绿色包装要符合"4R+1D"原则。

●Reduce:减少包装材料的使用,反对过度包装。

●Reuse:可重复使用,不轻易废弃。

●Recycle:可回收再生,把废弃的包装盒制品回收处理并循环使用。

●Recover:利用焚烧获取能源和燃料的资源再生。

●Degradable:可降解腐化,不产生环境污染。

推广应用绿色包装关键要做好三项工作,如表6—3所示。

表6—3 推广应用绿色包装的三大策略

策略	具体内容
优化产品包装方案	在不影响包装质量的前提下减少包装材料的使用
加强包装技术创新	做好包装材料、包装工艺、包装产品的研发与迭代,研发更多可以实现再利用、再循环、可降解的包装材料,让包装废弃物的回收利用变得更简单、更高效
注重废弃物回收处理技术的研发	鼓励相关企业与机构积极研发包装废弃物回收处理技术,提高废弃物回收利用水平与效率

(五)绿色回收处理

随着一个产品的生命周期走向终结,如果不对其进行回收处理,产品就只能作为废弃物堆积在垃圾场,不仅会造成环境污染,还会造成资源浪费。解决这个问题最好的方式就是利用各种回收策略对产品进行回收再利用,让产品的生命周期成为一个闭环。绿色回收处理的最终目的是将产品废弃后对环境的影响降至最低。相较于传统的回收策略来说,绿色回收处理的成本更高。现阶段,绿色回收处理要针对不同的情况制定不同的方案。

(1)在产品设计阶段将可拆卸性作为产品设计的一个标准,提高产品的可拆卸性,例如减少紧固件的数量,提高拆卸效率,使用不同的材料以方便分离,实现循环再利用。

(2)在产品设计阶段考虑各种材料回收利用的可能性、回收利用方法、回收利用成本等,从而节约材料,减少浪费,降低对环境的污染。

(3)综合考虑多方面的因素,设计成本更低、效果更好的回收处理方案,用最小的附加成本获得最大的综合利用价值。

第二节　战略抉择：我国工业的"双碳"路径

一、煤炭：驱动煤矿智能化转型

想要如期实现碳达峰、碳中和目标，首先要了解我国的资源禀赋，对煤炭产业的基础性保障作用产生深刻认知。因为在未来很长一段时间，煤炭在我国的能源结构中仍将占据主体地位。同时，为了提高煤炭资源的利用率、减少碳排放，我国要积极推进煤炭第四次技术革命，即煤矿智能化，推动煤炭行业向着智能化、数字化的方向转型升级，形成新产业、新业态，探索一条安全、清洁、低碳、绿色、智能的发展道路。

煤矿智能化可以对各种信息进行实时感知，切实提高风险管控的质量；打造"人—机—环—管"的数字化闭环，让各个环节实现高效协同，开展自动化作业与生产；为工人创造更优质的工作环境，创造更多价值。

因此，在未来的发展中，煤炭行业要紧抓5G、大数据、人工智能、区块链等新一代信息技术与传统行业融合发展的机遇，积极开展技术创新、应用创新和模式创新，拓展综合能源服务，同时与互联网相结合实现智能化升级，具体策略如图6—3所示。

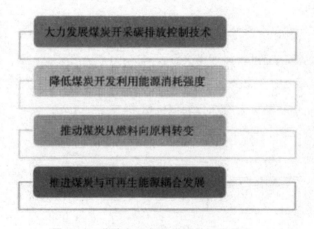

大力发展煤炭开采碳排放控制技术

降低煤炭开发利用能源消耗强度

推动煤炭从燃料向原料转变

推进煤炭与可再生能源耦合发展

图6—3　煤炭行业智能发展的四大策略

（一）大力发展煤炭开采碳排放控制技术

煤炭开采碳排放主要有两大来源，一是煤炭开采设备在运行过程中产生的二氧化碳，二是煤炭开采过程中产生的煤层气（煤矿瓦斯）。为了减少煤炭开采的碳排放，煤炭企业可以引入智能变频永磁驱动等节能技术减少煤炭开采设备的能耗，使用矿井水、回风、瓦斯等余热资源代替部分煤炭消耗，对煤炭开发过程中的甲烷排放进行有效控制与利用。另外，煤炭企业还要积极推进关键共性技术开发，建立可以在不同地质环境、不同开发条件下应用的煤层气抽采利用技术、工艺和装备体系，对煤层气进行开发利用，提高煤层气利用规模与效率，在减少碳排放的同时增加天然气供应，一举两得。

（二）降低煤炭开发利用能源消耗强度

政府要加强对煤炭企业的宣传教育，培养煤炭企业节能减排的责任感，降低单位产品能耗。煤炭企业可以引入高能效开采技术和设备减少开采过程中的能耗，并对煤炭开采过程中产生的余热、余压等进行综合利用，实现全方位节能；对各种高效清洁发电技术进行推广应用，包括清洁高效热电联产技术、超超临界二次再热技术、特殊煤种超超临界循环流化床等；改善煤炭开发利用技术，提高煤炭利用效率，减少煤炭用量，这种方式的碳减排效果比碳捕集、封存技术的碳减排效果要好很多，而且成本更低。

与一些发达国家相比，我国煤炭利用率还有很大的提升空间。钢铁、建材、化工、煤电企业进行技术改造与工艺升级，可以大幅减少煤炭使用量，减少碳排放。据预测，通过提高煤炭利用效率，开展系统节能，到 2030 年，煤炭行业对碳减排的贡献可能超过 50％。

（三）推动煤炭从燃料向原料转变

煤化工可以有效减少碳流失，推动煤炭行业低碳发展。在煤化工领域，煤制油、煤制天然气可以在转化过程中捕捉高浓度的二氧化碳，切实提高节碳率；煤制甲醇、烯烃、乙二醇等工艺，可以让部分二氧化碳进入产品，固定 30％～40％的二氧化碳，提高节碳率，减少碳流失。

煤炭企业可以将煤炭转化与可再生能源,碳捕集、利用和封存技术整合应用,创建低碳、清洁、高效的现代煤化工产业体系;提高煤化工行业的发展水平,改变煤炭单一燃料的属性,赋予其原料、燃料的双重属性;对能源安全、市场供需、环境保护等多重因素进行综合考量,科学地发展现代煤化工产业,继续致力于煤炭焦化、气化、煤炭液化(含煤油共炼)、煤制天然气、煤制烯烃等行业的关键技术研发;推动现代煤化工产业链不断地向上下游延伸,推动煤基新材料规模化发展。

(四)推进煤炭与可再生能源耦合发展

煤炭行业想要突破碳减排瓶颈,必须依赖于大规模、低成本的碳减排与储能技术的突破,与可再生能源实现耦合发展,让可再生能源高比例接入现有的能源体系,完成新能源体系的创建。煤炭与新能源进行耦合化学转化、耦合发电、耦合燃烧,不仅可以大幅减少碳排放,而且可以切实扩大新能源的利用规模。

这样不仅可以提高煤电发电效率,而且可以切实保障电力安全。在世界各国、各行各业努力进行碳减排的形势下,煤炭行业必须加大碳减排力度,为我国的碳减排事业做出更多贡献,同时对新能源发展产生积极的推动作用。

二、钢铁:氢能冶金的低碳化路径

在碳中和目标下,我国工业、能源行业都要开始减少二氧化碳排放量。在我国的碳排放结构中,工业的碳排放占比巨大,碳减排的路径有两条:一是用清洁能源替代传统的化石能源,减少二氧化碳排放;二是研发或引进先进技术,提高能源利用效率,减少碳排放。在第一条路径中,氢能是很好的替代能源,在未来很长一段时间,氢能都会在工业领域的碳减排中发挥重要作用。

工业碳减排最大的挑战来自钢铁、冶金、水泥等高耗能、高碳排放产业。据统计,在全球的工业碳排放中,钢铁、水泥等产业大约贡献了45%。在这些产业的碳排放中,工业原料消耗贡献了45%,生产高位热能贡献了35%,生产低位热能贡献了20%。

对于高耗能产业来说,电能替代很难减少碳排放。根据麦肯锡《工业部门脱碳方案》,即便高耗能产业实现了可再生能源电气化,也只能减少20%的生产低位热能产生的碳排放,剩下的80%的碳排放根本无法解决。而炼钢、冶金、石化、水泥生产等行业需要大量高位热能,这部分热能很难通过电气化的方式解决。

以钢铁行业为例,在工业领域,钢铁是碳减排的重点。目前,全球75%的钢铁采用的是高炉生产,在生产过程中需要添加焦炭作为铁矿石还原剂。在这种生产模式下,生产1吨生铁需要消耗1.6吨铁矿石、0.3吨焦炭、0.2吨煤粉,二氧化碳排放达2.1吨。在整个生产过程中,高炉还原过程产生的碳排放在碳排放总量中所占比重高达90%。为了减少二氧化碳排放,一些企业开始使用天然气代替焦炭作为还原剂,然后通过电弧炉将海绵铁转化为钢。虽然这种方式有效减少了碳排放,但无法实现深度脱碳。

为了让钢铁行业实现深度脱碳,西方发达国家开始探索氢冶金技术,取得了较大的进展。

在最新的氢冶金技术中,在温度达到矿石软化温度之前,可以将氢气作为还原剂,将铁矿石转化为海绵铁。通过这种方式生产的海绵铁,碳和硅的含量都比较低,成分与钢非常接近,可以替代废钢直接用来炼钢。用氢能作为还原剂,可以在最大程度上减少炼钢过程中的碳排放。随着可再生能源成本不断下降,可再生能源电解水制氢工艺不断成熟,在轧铸环节使用可再生能源发电,基本可以让钢铁行业实现深度脱碳,实现二氧化碳近零排放。

在我国,很多钢铁、冶金企业都在尝试利用氢能减少碳排放,实现深度脱碳。例如,中核集团、中国宝武集团正在探索用氢气作为还原剂的氢冶金技术,促使钢铁冶金行业的碳排放大幅下降,基本实现近零排放。除此之外,中核集团与中国宝武集团还与清华大学签署了《核能－制氢——冶金耦合技术战略合作框架协议》,对核能制氢展开深度探索。

随着工业化在全球蔓延,化石燃料的使用范围不断拓展,虽然提高了经济社会的发展速度,但也带来了非常严重的污染问题与气候问题。据研究,化石能源的使用导致全球温度升高了1℃左右,气候变暖带来的海平面上升、极端天气等使大多数国家深受其害。如果不控制二氧化碳排放,遏制气候变暖趋势,全球将有更多国家和地区受到威胁。

如果说气候问题的罪魁祸首是工业化，那么该问题就要通过工业领域的低碳化来解决。近年来，发达国家在氢能产业领域积极布局，将氢能作为能源创新的重要方向，我国也是如此。在工业领域实现碳中和的过程中，氢能是很好的替代能源，可以帮助工业企业实现深度减排。但对于工业企业来说，目前，利用氢能进行碳减排的最大挑战是成本问题。随着制氢技术不断成熟、成本不断下降，这一问题将迎刃而解，氢能源的利用空间将变得非常广阔。

三、石化："十四五"重构石化工业

在碳中和背景下，我国石化行业迎来了转型发展的重大机遇。新冠肺炎疫情结束后，"绿色复苏"将成为世界经济发展的主流方向，我国也会大力推进低碳发展，为石化行业低碳转型、高质量发展带来机遇。在此形势下，我国石化行业要采取如图 6—4 所示的措施，紧抓机遇，直面挑战。

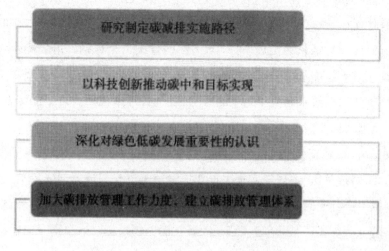

图 6—4　石化行业低碳发展的四大策略

（一）研究制定碳减排实施路径

石化行业要根据我国"2030 年实现碳达峰，2060 年实现碳中和"的时间规划，分阶段设立碳减排的短期目标、中期目标和长期目标，从以油气生产为主转向以生物质能、氢能等非化石能源为主,围绕油品替代、生产用能、原材料替代等制定具体的实施路径,同时政府要出台与之配套的政策体系与体制机制。

对于"十四五"时期的发展规划,我国石化行业要立足于行业实际,对国家碳减排的长期目标进行充分考虑,同时保证进入"十五五""十六五"之后,甚至在更长时期,石化行业的碳减排规划可以延续下去。同时,政府要鼓励部分地区的石化企业打造碳减排试点,利用先进的碳减排技术与管理模式,在大型炼化一体化项目的带领下,使下游烯烃产业链、芳烃产业链、化工新材料/精细化学品产业链实现协同发展,同时大规模开展碳捕集、利用与封存项目,打造二氧化碳近零(净)排放示范工程。

(二)以科技创新推动碳中和目标实现

为了降低能耗,减少碳排放,我国石化企业要积极推进新技术、新工艺、新设备、新催化剂等技术研发,在原油直接制化学品技术、先进生物燃料制备技术、以电力为动力的新型加热炉技术、传统石化与新一代信息技术深度融合的智能化技术、石墨烯等新型纳米催化材料技术等领域取得重大突破。

同时,石化企业可以聚焦国家重大科技专项,发起一些低排放技术研发和创新项目,例如利用废弃塑料、生物质、天然气等原料直接制备化学品,打造绿色二氧化碳化工利用平台,利用碳捕获、利用与封存技术对传统石化厂进行改造,帮助石化企业实现净零排放,加大在氢燃料电池、太阳能电池、先进储能材料等领域的投入,大力发展新能源汽车、非化石能源等低碳产业。

(三)深化对绿色低碳发展重要性的认识

目前,我国石化行业正在向高质量方向转型发展,必须加强对低碳减排、应对气候变化的认知,在项目规划、设计、建造、运营、管理等环节深入贯彻低碳发展理念与思路,建立健全行业绿色评价指标体系和标准体系,对行业绿色产品、工艺与生产基地做出科学评价。

另外,石化行业要建立绿色责任考核体系,强化石化企业碳减排的责任意识,尝试将地区的碳减排任务分散给大型石化企业,让石化企业与政府共同承担碳减排责任,助力碳达峰、碳中和目标更好地实现。

(四)加大碳排放管理工作力度,建立碳排放管理体系

石化企业要响应国家的碳减排政策,主动承担碳减排责任,积极开展碳普查,按照《中国石油化工企业温室气体排放核算方法与报告指南(试行)》中规定的方法对碳排放规模进行准确核算,创建温室气体排放台账,编制碳减排规划,根据企业自身的实际情况制定碳减排路径,探索低碳发展策略。

石化企业要积极参与全国碳市场建设,强化碳资产管理,对碳金融等手段进行灵活运用,创建碳排放管理组织机构,搭建碳资产和碳交易管理的IT信息平台,建立健全低碳管理体系与制度,同时做好碳市场相关政策的宣传与普及,不断改进碳核算技术,培养一支专门的管理团队,确保碳减排任务顺利完成。

四、建材:实现"双碳"目标的主要举措

建筑材料行业为我国经济发展提供了重要的原材料支撑,在经济高速发展过程中做出了突出贡献,但也是典型的资源能源承载型行业。我国建筑材料生产与消费连续多年高居世界第一,是我国碳减排的重点行业之一。在碳中和背景下,建筑材料行业的碳减排不仅有利于推进生态文明建设,也有助于双循环新发展格局的构建,对我国如期或者提前实现碳达峰、碳减排目标有着积极的推动作用。

"十四五"时期,经济高质量发展、生态环境持续改善仍是社会经济发展的主旋律。在此形势下,在碳达峰目标的加持下,建材行业必须坚持高质量发展理念,面向碳达峰、碳中和目标的实现,立足于行业实际规划碳减排路径,制定碳减排措施,尽可能提前实现碳达峰目标。具体措施如图6—5所示。

(一)调整优化建材产业产品结构

建材行业要对行业发展目标进行修订,新增能耗、限制排放、资源综合利用等约束性指标,从源头减少二氧化碳排放,尽快淘汰落后产能,严格推行减量置换政策,尽快消化过剩产能,坚决遏制违约新增产能,向终端化、轻型化、制品化方向发展。建材行业要鼓励行业内企业研发新产品、新技术、新装备,发展新业

态,优化生产流程,开展柔性化、集约化生产,从而减少碳排放总量;同时鼓励行业领军企业对各类资源进行优化整合,提高产业链、价值链的附加值,推动其向着高品质方向发展。

图6-5　建材行业实现"双碳"目标的五大措施

(二)加强低碳技术在建材行业的研发与应用

建材行业要围绕碳减排探索技术性路径,优化生产工艺,致力于新型胶凝材料技术、低碳混凝土技术和吸碳技术的研发,同时加强对低碳建材的研发,例如低碳水泥等,将建材对废弃物的消纳能力充分发挥出来,提高行业利用废弃物的水平,在最大程度上实现工业副产品循环利用,节约资源,减少产品生产过程中的温室气体排放。同时,建材行业要推广应用窑炉协同处置垃圾(生活垃圾、污泥、废弃物等)技术,提高燃烧替代率,同时对碳捕集、利用等技术进行推广,通过工程、生物等技术手段对矿山环境进行综合治理,让矿山的地质环境达到稳定,使生态环境不断恢复,从而实现碳中和。

(三)提升能源利用效率,加强全过程节能管理

建材行业要坚持"节能优先"的原则,对重点用能单位进行监管,明确能耗限额标准并严格执行,将在节能减排、提高能效方面表现优异的企业打造成行

业标杆,带领其他企业达到能效利用标准;面向企业的能源使用建立专门的管理体系,利用信息化、数字化和智能化技术加强能耗管理;对水泥、平板玻璃、陶瓷等高能耗行业开展节能诊断,全面提高能源利用效率,探索碳减排路径,全面挖掘碳减排空间,提高碳减排质量。

（四）推进有条件的地区和产业率先达峰

建材行业可以对各细分产业与产业发展地区进行评估,鼓励经济发展水平高、在节能减排方面有天然优势的地区率先实现碳达峰。以建材行业碳减排的重点产业——水泥产业为例,我国水泥产业主要集中在广东、江苏、山东、安徽、浙江、河北等省份,这些省份要根据自身的实际情况研究制定碳达峰路径,减少水泥产量,控制新增产能,控制二氧化碳排放,改善环境质量,尽快实现碳达峰,为行业碳达峰的实现提供助力。

（五）做好建筑材料行业进入碳市场的准备工作

建材行业要配合政府部门建设碳排放权交易市场,对建材行业各细分产业的碳排放限额做出明确规定,研究制定建筑材料各主要产业的碳排放标准;鼓励水泥和平板玻璃两大产业率先进入碳市场,制定企业参与碳交易的方案,开展碳交易模拟试算与运行测试;引导其他产业对碳排放情况进行全面调查,有序进入全国碳市场。

第三节 智能工业:驱动传统制造数字化转型

一、5G工业互联网的场景应用

2019年的政府工作报告明确提出,要"加强新一代信息基础设施建设";2020年3月初工信部召开的专题会提出,要加快5G发展,积极推进新型基础设施建设,其中工业互联网建设是一大重点。目前,通过发展工业互联网推动制造业转型升级已经成为共识。随着新基建不断推进,5G、工业互联网等与工业经济深度融合,将催生更多新业态、新应用,推动传统工业场景不断变革。

进入5G时代之后,移动互联网技术与应用转至产业互联网,将推动第二产业发生巨大变革。对于工业互联网来说,高速率、低时延、高可靠、广连接的5G网络可以为其发展提供良好的条件,带领未来的工业进入全新的发展阶段。

在工业经济时代,工业与通信之间为平行关系。进入5G时代,随着工业互联网与5G网络相互融合,在制造业、矿业、能源、化工、港口、机械、船舶、飞机、电力等领域催生了很多新应用,对工业场景变革、产业转型升级产生了积极的推动作用。目前,5G工业互联网的应用场景主要有三种,如图6-6所示。

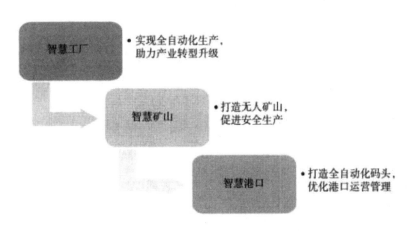

图6-6 5G工业互联网的三大应用场景

(一)智慧工厂:实现全自动化生产,助力产业转型升级

在5G时代,工业互联网的创新应用主要集中在智能制造领域。在高速率、低时延、高可靠、广连接的5G网络环境下,工业企业可以不断提高数字化、网络化、智能化能力,实现智能制造。

在智能制造领域,海尔开发了全球第一个引入用户全流程参与体验的工业互联网平台——COSMOPlat,该平台实现了5G与智能制造的深度融合,开发出5G机器视觉云化、5G+AR远程运维指导及5G智能设备管控等应用,实现了生产过程全自动化,并且可以利用智能终端对生产过程进行远程管控。

以海尔冰箱互联工厂为例,该工厂创新性地将云化机器视觉系统与5G、边缘计算等技术深度融合,可以在生产环境中进行门缝检测、OCR识别。同时,在高速率的5G网络的支持下,海尔冰箱互联工厂可以采集海量数据,并将数据汇聚到边缘云,利用大数据技术进行深度挖掘,让产品检测结果更准确,从而保证产品质量。未来,海尔冰箱互联工厂模式将成为一种通用的互联网解决方案,在智慧物流、智慧园区及智慧家庭等领域推广应用。

(二)智慧矿山:打造无人矿山,促进安全生产

矿业是能源安全的重要保障,传统的开采模式主要有两种,一种是露天开采,另一种是地下开采,这两种开采方式都伴随着环境污染、生态破坏以及各种安全问题。进入5G时代之后,借助工业互联网打造智慧矿业,可以使整个行业的生产效率、盈利水平、安全管理水平得到大幅提升。

包头钢铁是全球最大的稀土工业基地和钢铁工业基地。从2019年开始,包头钢铁与中国移动深度合作,利用5G与工业互联网全面布局智慧矿山建设,从三个层面实现了创新应用,具体分析如下。

(1)无人驾驶,包括矿车的无人驾驶、编组行驶及采矿设备的无人操作等,切实保证了生产过程的安全,使生产效率得到大幅提升。

(2)无人机测绘,利用无人机开展高清测绘,对地理数据进行高精度分析,为采矿组织与管理提供更科学的依据,防止滑坡、塌方等事故发生。

(3)调度系统。利用上述两个系统传输的数据,优化生产调度系统与作业

流程。矿业工业互联网对网络传输时延有很高的要求。在传统网络环境下,对生产场景的远程监测与遥控需要通过有线网络来实现。但矿山地理环境复杂,一方面有线网络无法布设,另一方面有线网络无法串联起大量移动设备和转动部件。在高速率、低时延、广覆盖的5G网络的支持下,矿业工业互联网平台可以充分发挥智能管理能力,开展远程控制、监测和数据传输,对整个生产管理流程进行优化。

(三)智慧港口:打造全自动化码头,优化港口运营管理

随着经济不断发展,经济全球化进程持续加快,港口的功能越发丰富,其不仅是物流运输的中转中心、配送中心和仓储中心,还为区域腹地经济发展与对外开放提供强有力的支持。在5G、工业互联网的支持下,港口运营管理质量与效率将得到大幅提升。

以青岛港全自动化码头为例,该码头利用5G与工业互联网让岸桥、轨道吊实现了自动化运作,可以自动抓取、运输集装箱,并将现场的高清视频回传;在自动化作业过程中,可以对设备的运行状态进行实时监控,对设备可能发生的故障进行预判,提前采取维护措施,打造一站式港口服务。疫情期间,青岛港全自动化码头表现出显著优势,不仅减少了人力消耗,而且切实提高了码头的运营效率与管理水平,使运营成本大幅下降。

随着5G网络实现规模化商用,工业互联网开始向各行各业渗透,与各个行业深度融合,推动行业产业链、价值链优化升级,推动行业更好地发展。

二、AI赋能工业数字化转型

近年来,工业互联网平台快速崛起,凭借海量数据收集与处理能力、高效的算法与强大的算力,为人工智能在工业领域的应用提供了强有力的支持。人工智能在工业互联网平台的深入应用,将推动传统生产模式向智能化方向转型升级,对工业转型升级产生积极的推动作用。具体来看,人工智能在工业互联网平台的应用主要涵盖设备层、边缘层、平台层和应用层四大层面,如图6-7所示。

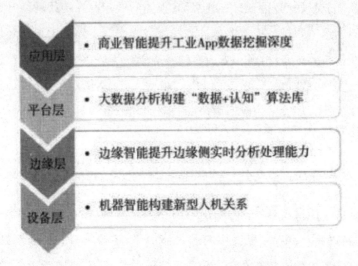

图 6—7　人工智能在工业互联网平台应用的四个层面

（一）设备层：机器智能构建新型人机关系

在工业互联网平台的支持下，企业可以在生产、控制、研发等环节应用人工智能技术，重构人、机、物之间的关系，实现人机协同、互促共进，具体应用如表6—4所示。

表 6—4　人工智能在工业互联网设备层的应用

应用	具体措施
设备自主化运行	企业可以用机器学习算法、路径自动规划等模块对机械臂、运输载具和智能机床等产品进行改造，让它们根据不同的工作环境与加工对象进行自动调整，让设备操作变得更精准、更自动化
人机智能化交互	企业可以利用语音识别、机器视觉等技术让人与机器实现智能交互，提高控制装备的感知能力与反馈能力，让它们自由应对各种复杂的工作环境

续表

应用	具体措施
生产协同化运作	企业可以利用人工智能技术将人机合作场景转变为学习系统,不断地对运行参数进行优化,从而创造出最佳的生产环境,提高生产效率,降低安全风险。例如,德国 Festo 公司利用仿生协作型机器人开发了一款智能化工位,用机器取代人从事危险系数较高的工作以及重复性劳动,极大地提高了生产效率,降低了生产过程中的各种风险

(二)边缘层:边缘智能提升边缘侧实时分析处理能力

在工业互联网的边缘层,企业可以利用边缘智能技术对终端设备与边缘服务器进行整合,提高数据传输的有效性,降低模型推理的延迟与能耗。具体应用表现在三个方面,如表 6-5 所示。

表 6-5　人工智能在工业互联网边缘层的应用

应用	具体措施
智能传感网络	企业可以利用 AI 技术搭建智能网关,让 OT 与 IT 之间的复杂协议转换变得更加动态,切实提高数据采集与连接效率,提高对各种问题的应对能力,例如带宽资源不足、网络突然中断等
噪声数据处理	企业可以利用智能传感器对多维度数据进行采集,利用人工智能软件减小确定性系统误差,让数据变得更精准,将物理世界的隐性数据以显性化的方式呈现出来
边缘即时反馈	企业可以利用分布式边缘计算节点进行数据交换,对云端广播模型与现场提取的数据的特征进行比对分析,利用边缘设备提高本地响应的速度与效率,优化各环节的操作流程,降低云端计算压力,缩短数据处理时延,实现云端协同

(三)平台层:大数据分析构建"数据+认知"算法库

在平台层,工业互联网平台以 PaaS 架构为基础,打造了一条涵盖数据存储、数据共享、数据分析、工业模型等的数据服务链,将基于数据科学与认知科学的工业知识与经验存储到人工智能算法库中。具体应用如表 6-6 所示。

表6-6　人工智能在工业互联网平台层的应用

应用领域	具体措施
数据科学领域	企业可以利用机器学习、深度学习构建数据算法体系,对大数据分析、机器学习、智能控制等算法进行综合利用,利用仿真与推理解决问题
认知科学领域	企业可以立足于业务逻辑,利用知识图谱、专家系统搭建认知算法体系,解决企业风险管理等比较模糊的问题

(四)应用层:商业智能提升工业 App 数据挖掘深度

在应用层,企业可以利用工业互联网提供的工具,面向不同的应用场景开发人工智能应用,利用人工智能技术提高生产水平,为用户提供定制化的智能工业应用与解决方案。具体来看,这类应用主要包括表6-7所示的几种类型。

表6-7　人工智能在工业互联网应用层的应用

应用方向	具体措施
预测性维护	利用机器学习对设备运行的复杂非线性关系进行拟合,对设备运行故障进行精准预测,降低设备的维护成本与故障发生率
生产工艺优化	通过深度学习避开机理障碍,对数据之间隐藏的抽象关系进行挖掘,建立相关模型,找到最优的参数组合
辅助研发设计	利用知识图谱、深度学习等技术创建设计方案库,对设计方案进行实时评估,找到最佳的设计方案
企业战略决策	利用人工智能技术对工业场景中的非线性复杂关系进行拟合,提取非结构化数据创建知识图谱与专家系统,为企业战略决策提供科学依据

三、基于工业大数据的全流程应用

智能制造的实现离不开工业大数据的支持,只有工业大数据、云计算、人工智能等技术共同作用,才能推动工业生产方式变革,促使工业经济实现创新式发展。大数据分析技术可以赋予工业大数据产品多种能力,包括海量数据挖掘能力、多源数据集成能力、多类型知识建模能力、多业务场景分析能力、多领域知识发掘能力等,使工业大数据的潜在价值得到充分释放,为企业的业务创新与转型升级提供强有力的支持。

工业大数据涵盖了研发与设计、生产、物流、销售、运维与服务等产品生命周期的各个阶段,其中,生产、物流与销售可以归入生产与供应链单元。这样一来,基于工业大数据的全流程应用就可以划分为三大单元,分别是研发与设计、生产与供应链、运维与服务,每个单元都有具体的应用,如图6-8所示。

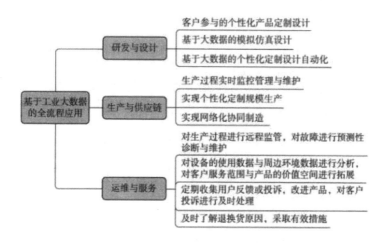

图6-8　基于工业大数据的全流程应用

(一)研发与设计

1.客户参与的个性化产品定制设计

企业可以利用互联网搜集用户对产品的个性化需求,获取产品与客户的交互数据,以及真实发生的交易数据,对这些数据进行挖掘分析,让用户参与到产品设计中来,真正实现定制化设计,然后将设计好的生产交给柔性化生产链,最终制作出可以满足用户个性化需求的产品,实现产品定制化设计与生产。

2.基于大数据的模拟仿真设计

在传统的生产模式下,在产品测试、验证等环节,企业需要生产少量实物产品来评测其功能,测试次数越多,成本越高。现阶段,企业可以利用虚拟仿真技术对产品研发、设计等环节进行模拟,对产品的功能、性能进行评估与优化,从而减少实际测试的次数,降低产品研发设计阶段的成本与能耗。

3.基于大数据的个性化定制设计自动化

在传统的生产模式下,企业会设计几款产品模型,从中挑选一款进行批量化生产。虽然传统生产模式具有规模化优势,但无法满足小批量生产需求,会在无形中增加产品的生产成本,延长产品的生产周期。在工业互联网时代,企业可以利用积累的产品数据设计模型,对数据之间的关系进行深入挖掘,在大数据技术及其他辅助设计工具的支持下开展个性化设计,自动生成产品模型。

(二)生产与供应链

1.生产过程实时监控管理与维护

现代化工业生产线上安装了很多小型传感器,可以对生产设备运转过程中的温度、压力、热能、震动、噪声等参数进行实时感知,对生产过程进行实时监测,对设备故障进行科学诊断,对设备运行过程中产生的能耗、质量事故等进行分析,还可以将生产制造各个环节产生的数据进行整合,面向生产过程建立虚拟的模型,不断对生产流程进行优化。

2.实现个性化定制规模生产

通过让产品全生命周期内的数据自动流转,生产制造过程实现自动化、智能化控制,可以共享各类信息,全面推进系统整合与业务协同,切实提高制造水平与能力,开展个性化定制规模生产,创建现代化的生产体系,推动智能生产、智能制造尽快落地。

3.实现网络化协同制造

生产企业可以利用互联网对生产资源进行优化整合,在企业内部开展纵向协同,在企业之间开展横向协同,通过与共享经济联动促使创新资源、生产能力、库存等实现共享,推动制造业共享经济不断发展。

(三)运维与服务

(1)制造企业可以利用互联网对产品运行数据进行实时采集,对生产过程进行远程监管,对故障进行预测性诊断与维护,从而降低设备维护成本,切实提高产品的利用率。

(2)制造企业可以对设备的使用数据与周边环境数据进行分析,对客户服务范围与产品的价值空间进行拓展,将企业经营管理的重心从产品转向制造与服务。

（3）制造企业可以通过互联网定期收集用户反馈或投诉，参考用户提出的有价值的意见改进产品，对客户投诉进行及时处理，提高产品质量，同时提高用户对售后服务的满意度，减少客户投诉。

（4）如果出现退货或者返修等情况，制造企业要及时了解原因，采取有效措施，提高产品质量，减少产品退货或返修等事件的发生频率。

四、区块链在工业领域的实践路径

区块链技术是多种计算机技术的新型应用，主要包括加密算法、共识机制、点对点传输、分布式数据存储等技术应用新模式。从狭义的角度看，区块链是一种去中心化的共享总账（Decentralized Shared Ledger），具有不可篡改和不可伪造的特性，其本质是一种以链条方式将数据区块按照时间顺序组合形成的特定数据结构，能够安全存储简单的、序列化的、经由系统验证的数据。从广义的角度看，区块链是一种去中心化的新型基础架构与分布式计算范式，其加密链式区块结构可以用于数据验证与存储；分布式节点共识算法可以用于数据的生成与更新；自动化脚本代码可以用于数据的编程与操作。

（一）区块链在工业互联网领域的应用价值

区块链具有去中心化、不可篡改、不可伪造、可加密、可溯源等特性，基于这些特性，区块链技术在工业互联网领域有着广阔的应用空间。具体表现在四个方面，如图6-9所示。

1.业务数据可信化

区块链与传统分布式数据库存在较大区别，前者秉承"人人记账"的理念，所有参与主体都有记账的权利，每个主体都能保存所有的历史记录，同时也都能保存最新的记录；而后者却无法做到这些。

这种存储方式虽然会导致数据高度冗余，但可以使数据全程留痕，确保账本数据不可篡改，大大提升信息的透明度，有助于实现各方信息共享和协同合作。

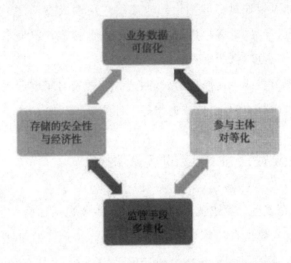

图 6—9　区块链技术在工业互联网领域的四大应用

2.参与主体对等化

不同部门在合作建设信息系统时往往会遇到这样一个难题,即难以决定由哪个部门来管理集中存储的数据。各部门可以利用区块链技术解决这一难题。区块链技术采用的是分布式记账方式,可以让每一个参与主体拥有与自身对等的身份、权力、责任和利益,轻松解决"业务主权"问题。与此同时,它还能使所有参与主体同步更新实时数据,这不仅能使各方之间的合作更加方便、快捷,还能极大地提高参与主体合作的积极性。

3.监管手段多维化

在区块链技术的支持下,企业可以将内部监控作为自己的监管部门。具体操作如下:以区块链平台为载体,增设监管节点,实时采集监管数据,制定监管数据的统计口径、颗粒度等,实现快速分析和决断。同时,企业还要采用可编程的智能合约,完善监管规则,将监管重点从监控工业管理、生产过程上升到监控系统性风险,建立全流程监管体系,降低工业生产的风险,维护网络体系的稳定。

4.存储的安全性与经济性

传统存储通常采用单个数据中心完成数据存储,可靠性比较低;而区块链存储采用多数据中心存储技术,可以有效解决传统存储可靠性较低的问题。

区块链存储可以将数据存储到成千上万个节点上,有效提高数据存储的可

靠性,确保商业数据存储安全。区块链存储比桌面级存储、企业级存储、云存储
更具优势,主要体现在四个方面,如表 6-8 所示。

表 6-8　区块链存储的四大优势

优势	具体表现
可靠性更高	区块链存储采用冗余编码模式将数据存储到成千上万个节点上,可以有效规避单点故障造成的负面影响
服务的可用性更高	由于区块链存储可以利用众多的节点来分担负载,所以服务可用性要比一般的储存方式高得多,至少比云存储高 1 亿倍
成本更低	区块链存储比其他存储的成本更低,这是因为区块链技术可以完美地解决数据重复问题,可以通过去除重复数据降低成本。不仅如此,区块链存储还能通过降低数据冗余率来降低成本。另外,在区块链存储节点建设方面,企业需要投入的成本也很低。因此,总体来看,区块链存储成本更低
异地容灾性更强	传统中心化存储最高级别的容灾配置是"两地三中心",由于传统数据存储中心的建设成本较高,所以"两地三中心"的配置对企业来说是一笔不小的花费。而"两地三中心"的配置容灾率并不高,目前全球企业和机构普遍面临着较大的数据存储风险。区块链存储采用"千地万中心"的配置,可以大幅度提升数据存储的容灾率。对传统中心化存储来说,"千地万中心"的配置是难以想象的奢侈品,但是对区块链存储来说,这种配置只是"容灾"的标准配置而已

(二)区块链在工业互联网领域的场景实践

1.区块链+安全认证

利用区块链技术构建分布式数字身份认证体系,所有想要接入该体系的
人、设备、企业都要在边缘计算中心完成认证。在这种模式下,设备之间、服务
器之间、人与设备之间可以开展双向身份验证,减少边缘层接口数据泄露和设
备控制的安全隐患,对工业数据进行加密存储,实现数据私有化。

2.区块链+工业产品流通

区块链技术可以保证交易的公开性与透明性,防止交易数据被篡改,智能

合约可以实现自证自洽。在这两大技术的支持下,制造企业可以以工业互联网平台为依托,促使制造企业、物流企业、税务部门、交通部门、银行、客户等多方参与主体的各项数据相互融通,构建一个安全可信的价值链传递网络,让产品品控证明、供应链流转证明、资金支付证明、渠道销售证明、票据真实性证明等变得简单易行。

3.区块链＋生产线品控

目前,在农产品溯源、供应链溯源等领域,区块链技术已经有了比较成熟的应用模式。因为区块链技术可以有效防止数据被篡改,所以利用区块链技术面向商品生产、流通、消费等环节创建真实性验证网络,可以有效提升品牌价值。除此之外,在质检协作效率优化、产品质量控制、降低设备故障率等领域,区块链技术也有广阔的应用空间。

第七章　推进碳中和——绿色交通

交通运输是碳排放的重要领域之一,推动交通运输领域实现碳达峰、碳中和,发展绿色低碳交通是交通运输行业加强生态文明建设、服务国家碳达峰碳中和目标,深入打好污染防治攻坚战的重要举措,是加速行业绿色低碳转型、推动交通运输高质量发展的重要抓手。

第一节　"双碳"交通:重塑城市交通新格局

一、交通碳中和:迈向新能源世界

随着经济社会不断发展,人们的收入水平不断提升,汽车保有量不断增加,我国交通运输行业的碳排放将持续增长。交通运输行业是全球三大温室气体排放源之一,根据生态环境部发布的《中国移动源环境管理年报(2020)》,2014年,我国交通运输行业温室气体排放量约为 8.2 亿吨二氧化碳当量,其中 99% 是二氧化碳,在剩余的 1% 中,甲烷和氧化亚氮分别占了 0.2% 和 0.8%。

2021 年 5 月 10 日公安部举行新闻发布会,相关负责人表示我国机动车保有量达到了 3.8 亿辆,2021 年第一季度新注册登记机动车 996 万辆,创同期历史新高。根据国务院办公厅发布的《新能源汽车产业发展规划(2021—2035年)》,预计到 2025 年,我国新能源汽车的市场占有率要达到 20%。这就表示,即便我国大力推广新能源汽车,在汽车市场上,传统燃油汽车的主体地位在未来很长时间仍不会发生改变。

鉴于交通行业既是制造业又是服务业的双重属性,其碳排放与国家经济结构、产业布局、能源结构、运输周转量等外界因素密切相关,碳排放结构非常复杂。另外,因为很多交通工具需要跨区域行驶,碳排放发生在不同地区,在很大程度上加大了碳排放管理的难度。

据统计,在交通行业的碳排放结构中,道路交通占比极大,大约为 75%。为了推动交通行业实现碳减排,我国一方面要大力推广新能源汽车,让交通行业实现全面电动化;另一方面要尽量减少传统燃油车的能耗,用清洁能源代替传统的柴油、汽油,减少汽车行驶过程中的碳排放。

根据《节能与新能源汽车技术路线图 2.0》的要求,到 2025 年,传统能源汽车的能耗要降至 4.8 升/百公里,货车、客车的油耗要比 2019 年降低 8%~15%,混合动力汽车的油耗要降至 4.5 升/百公里。

在交通运输行业的碳减排过程中,新技术将发挥重要作用。根据世界汽车协会的报告,汽车轻量化技术与节能效果呈线性关系,汽车的轻量化率每提升 10%,就能减少 6%~8% 的能源消耗,而且车辆轻量化可以稳定节能效果,实现持续节能。

以德国为例,德国从 20 世纪 90 年代开始推动重碳经济脱碳化。到 2017 年,德国碳排放总量相较于 1990 年减少了 1/3,只有交通行业的碳排放不降反升。我国的经济结构与德国类似,在实现碳中和的过程中必然会面临这一问题。因此,对于我国来说,想要如期实现碳中和,必须提前对交通行业进行统筹布局,推动交通行业实现深度脱碳。

根据 2021 年 2 月国务院印发的《国家综合立体交通网规划纲要》要求,到 2035 年,我国交通领域的二氧化碳排放强度相较于 2020 年要有明显下降,并且要尽早实现碳达峰的目标。交通行业的碳排放方式非常多,而且结构复杂、统计困难,因此找对切入点非常重要。在交通行业的各个部门中,道路交通部门的碳减排潜力最大。

根据《中国气候变化第二次两年更新报告》,2019 年,我国道路交通的碳排放在交通运输行业总体的碳排放中的占比达到了 84.1%。在货运方面,全球平均货运能耗为 37%,我国货运能耗超过了 50%,远高于国际平均水平,减排潜力巨大。在客运方面,小汽车和摩托车的能耗占比为 48%,公共交通的能耗占比只有 4%,自行车、电动车等出行方式的能耗可以忽略不计。

对于新能源汽车来说,碳中和目标的提出为其带来了良好的发展机遇,但同时也带来了一定的挑战。在碳中和背景下,汽车行业不仅要致力于自身的碳减排,而且要通过新能源汽车的推广应用带动整个能源行业实现碳减排。

2020年2月,英国宣布从2040年开始禁售汽油、柴油驱动的小汽车以及货车;到2020年11月,就将禁售燃油车的时间提前了十年,定在了2030年。除英国外,全球还有11个国家明确了禁售燃油车的时间,例如挪威拟从2025年开始禁售燃油车,丹麦、冰岛、爱尔兰等国家拟从2030年开始禁售燃油车。在此形势下,我国势必会加快新能源汽车的发展。

新能源是交通运输行业实现净零排放的关键。一方面,风电、光伏等新能源发电可以直接用于汽车电池的充放电;另一方面,动力电池和氢燃料电池可以作为储能方式推动新能源发展。除了扩大新能源汽车的市场份额外,交通行业的碳减排还需要依靠政策支持,推动城市交通尽快实现电动化,有条件的地区可以开展全面电动化的试点。为了实现城市交通全面电动化,各城市要完善相关基础设施建设,强化电网保障。

二、"双碳"重构城市交通新格局

近年来,我国各大城市都在大力推行绿色低碳的出行模式,但城市交通的碳排放依然在持续增加。以北京为例,"十二五"期间,城市交通碳排放的年增长率大约为6%。进入"十三五"时期之后,我国大力发展公共交通,全面推广新能源汽车,改善自行车、步行等出行环境,但也只将城市交通碳排放的年均增长率降到4%左右。由此可见,如果我国的城市交通系统没有重大的结构性变革,不仅无法实现碳中和,甚至很难实现碳达峰。

为了实现"双碳"目标,我国城市交通必须从能源、交通、科技三个方面推动创新变革,具体如图7-1所示。

(一)能源变革:推广新能源汽车与绿色电能

随着社会不断发展,人们的生活水平不断提升,我国机动车保有量连年攀升,到2020年底已经达到了3.7亿辆,其中新能源汽车只有492万辆,电动化率只有 1.3%。在北京、上海等城市,虽然新能源汽车的保有量已经超过了 40 万辆,但电动化率也只有 6%~7%,传统燃油机动车的占比仍超过 90%。

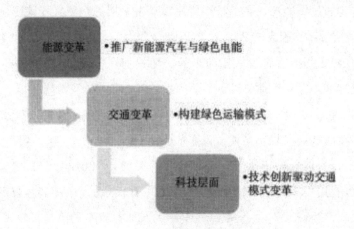

图 7—1　交通行业创新变革的三大层面

我国城市交通想要实现碳中和,必须改变机动车的能源结构,大力推广新能源汽车,将机动车的电动化率提升至 50% 以上,甚至要超过 90%。新能源汽车数量的增长必然对交通电能提出更大的需求,这就要求整个城市的能源供应体系随之调整。

例如,北京机动车全面实现电动化,电能需求将增加 16 倍,届时,绿色电能的比例、电网容量、充电设备规模都要大幅提升。只有绿色电能与新能源汽车相互配合,城市交通才能真正实现零排放。

(二)交通变革:构建绿色运输模式

1.客运方面

私人汽车每年每公里的碳排放是地面公交的 5 倍,是轨道交通的 9 倍。因此,降低私人汽车的出行强度可以有效降低城市客运系统的碳排放。目前,有两种方法可以降低私人汽车的出行强度:第一,鼓励人们在选择出行方式时放弃私人汽车,选择碳排放量较低的公共交通和零排放的慢行交通;第二,构建紧凑型城市形态,弱化日常出行对私人汽车的依赖。

想要让人们在选择出行方式时放弃私人汽车选择绿色出行方式,不仅要积极创建绿色出行网络,加强路权保障,而且要全面提升绿色出行一体化无断链服务体验。除此之外,以公共交通为导向的土地开发模式也需要引起关注,因为国家对轨道周边的用地性质和开发强度有严格限制,导致这一模式尚未取得实质性进展。为了解决这一问题,我国亟须推动土地利用政策与相关法律法规实现重大改革。

2.货运方面

陆地货运的主力依然是汽/柴油车,是城市交通碳排放的重要来源之一。例如,2020年,北京全市的货运量为26346.2万吨,碳排放在全市交通碳排放中的占比大约为20%。为了实现碳中和的目标,货运也要从汽/柴油车运输转向轨道运输。

为此,北京从2018年开始调整运输结构,初步探索出"电气化铁路干线运输+新能源汽车市内短驳"的绿色运输模式,将铁路运输货物的比例提升了3.3个百分点(从6.4%提升至9.7%)。从整体看,我国货物运输结构的调整才刚刚开始,接下来就要在巩固既有成果的基础上,建立顺应市场化环境的长效机制,尽快实现货运零排放的目标。

(三)科技层面:技术创新驱动交通模式变革

城市交通想要实现碳中和,既要推动能源转型,又要创新交通运输模式。纵观机动车的发展历史,新模式的出现必然离不开科技的发展与进步,新能源技术与新能源汽车就是其中的典型。

目前,全球正在经历新一轮科技革命,涌现出一系列新兴技术,如大数据、人工智能、区块链等。随着这些技术在交通领的域深入应用,城市交通呈现出显著变化,例如MaaS(Mobility as a Service,出行即服务)的出现让人们享受到一体化的出行体验;自动驾驶、预约出行在很大程度上缓解了交通拥堵问题,为"不堵车"交通系统的创建提供了无限可能。未来,随着城市交通领域出现的新技术、新模式越来越多,在提高交通系统运行效率的同时,还能大幅减少碳排放,推动城市交通领域的碳中和目标尽快实现。

三、交通碳中和的战略路线图

目前,人们常说的清洁能源主要指风能、太阳能、光能等,这些能源可以直接应用于电力、工业等领域,但要在交通领域应用,必须转化成可以存储、运输的"绿色燃料",从而实现减少二氧化碳排放乃至零排放的目标。

交通行业包括四种不同的交通方式,分别是道路、铁路、航空、船运,每种交通方式都对"绿色燃料"提出了不同的要求。随着电力基础设施不断完善,电池、充电桩等技术快速发展,电能在道路、铁路这两种交通方式中得到了广泛应用。但因为动力电池的体积、重量都很大,不适合在航空、船运中应用,于是这两种交通方式不得不寻找其他的清洁能源代替方案,例如氢能、氨气和生物质等新能源。

鉴于此,为了响应"2060 年实现碳中和"的目标,交通行业将根据不同交通方式的特点选用不同的清洁能源,例如以道路交通为主的小型、轻型交通和铁路将采用动力电池,远程航空将采用生物质能源,以实现零碳排放。具体来看,我国交通行业碳中和目标需要通过短期、中期、长期三个阶段来实现,如图 7-2所示。

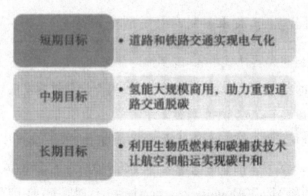

图 7-2　交通行业碳中和的阶段性目标

(一)短期目标:道路和铁路交通实现电气化

在现有的几种清洁交通方案中,交通电气化的实现难度最小、成本最低、能量转化效率最高。过去几年,随着动力电池技术快速发展,交通电气化的范围越来越广,覆盖了铁路、轻型机动车、小型船舶甚至飞机等众多领域。基于我国公路、铁路巨大的出行量,2060 年我国公路、铁路实现电气化之后,电能消耗量将超过 2 万亿度,相当于燃烧 2.68 亿吨标准煤的化石燃料,其能耗在交通部门总能耗中的占比将达到 50%。由此可见,我国交通行业想要在短期内减少碳排

放,实现零排放,促使道路交通实现电气化是关键。道路和铁路交通电气化的
实现需要政策、技术、市场、基础设施相互配合,具体措施如表7-1所示。

表7-1　道路和铁路交通实现电气化的三大措施

切入点	具体措施
政策层面	一方面,相关部门要围绕燃油车退出制定中长期的时间表,结合新能源汽车产业规划,推动整个产业实现转型发展;另一方面,相关部门要提高燃油汽车的油耗和排放标准,辅之以路权政策,提高电动汽车的市场竞争力,扩大电动汽车在汽车市场所占份额
技术层面	相关企业与研究机构要设置更严格的技术标准,创建产业支持基金,大力研发电池技术,力争在该技术领域取得重大突破,同时要优化整车技术,推动行业技术创新
市场和基础设施层面	相关企业要全面建设充电基础设施,扩大充电基础设施的覆盖范围,专门针对新能源汽车创建车辆运营维护服务体系,降低用车成本,大幅提高新能源汽车在现有汽车中的比例

(二)中期目标:氢能大规模商用,助力重型道路交通脱碳

电池的能量密度相对较低,无法在重型道路交通领域应用,这些领域的节
能减排、深度脱碳只能寄希望于氢能等能量密度更大的燃料。氢能燃烧的唯一
产物是水,可以称为最清洁的能源。目前,国内生产氢能的方式主要有两种,一
种是煤炭气化,另一种是工业副产。除此之外,氢能还有一种绿色的生产方式,
就是电解水制氢。在碳中和目标下,随着电解水制氢相关技术取得重大突破,
这种氢能生产方式必将成为主流。

目前,导致氢能无法在交通领域大规模应用的一个主要原因就是成本高。
一方面,以氢能为动力的车辆造价较高,氢能卡车的售价要比同等级的燃油卡
车的售价高5倍;另一方面,氢能燃料的价格高,即便使用成本最低的化石燃料
制氢,其成本也比燃油高很多。解决这一问题最好的方式就是技术创新。

未来,随着氢燃料电池技术取得重大突破,规模效应逐渐增强,以氢能为动
力的车辆造价会有所下降。同时,随着氢能储备、运输等相关技术与基础设施
不断完善,氢能的使用成本也会不断下降,最终在重型交通领域,氢能可以全面
替代传统燃油。但从目前的情况看,降低氢能生产成本以及以氢能为动力的车

辆的造价,让氢能应用实现商业化,还需要很长一段时间,这也就意味着重型道路交通依靠氢能实现深度脱碳还需要很长时间。

目前,我国氢能产业的发展目标是在 2040 年左右实现大规模商用,为了实现这一目标,我们需要加快相关技术研究,在关键技术领域取得重大突破。由于市场广阔、政府支持力度大,我国氢能技术研发具有显著优势。

在政策方面,国务院办公厅印发的《新能源汽车产业发展规划(2021—2035年)》明确表示,"中国将大力发展氢燃料电池以及氢能储运技术";工信部印发的《节能与新能源汽车技术路线图》提出,"2025 年,我国氢燃料电池车要达到 5万辆;2030 年,氢燃料电池车要达到 100 万辆";五部门联合印发的《关于开展燃料电池汽车示范应用的通知》明确表示,将通过"以奖代补"的方式对燃料电池汽车产业的发展给予支持。

(三)长期目标:利用生物质燃料和碳捕获技术让航空和船运实现碳中和

随着道路、铁路实现电气化,氢能在重型道路交通领域实现广泛应用,我国交通行业清洁能源利用问题可以得到有效解决。落基山研究所预测,到 2060年,电气化与氢气可以满足我国交通行业 80% 的能耗,剩下的 20% 主要源于大型航空和远洋船运。因为这两种交通方式对能源种类与能量密度的要求较高,无法使用一般的清洁能源作为动力源,在目前的技术条件下唯一可行的办法就是使用生物质燃料。

生物质燃料是利用可再生生物质生产的燃料,能源形式与热值和化石燃料几乎相同。目前,由于技术限制,生物质燃料的产量有限,在很大程度上制约了其在大型航空和远洋船运领域的应用。目前,一代生物质燃料的主要原料是粮食作物与食物残渣,产量较小;二代生物质燃料的主要原料是秸秆、落木等物质,尚处于研究阶段,还不能真正应用。根据中国可利用的生物质总量估计,到2060 年,生物质燃料可以为交通行业提供相当于 3000 万吨标准煤的燃料,大约可以满足 5% 的需求。

从目前可以利用的清洁能源看,2060 年,交通行业完全有能力使用清洁能源 100% 替代化石燃料。但从技术与成本方面看,让清洁能源 100% 替代化石燃料的经济性、可行性都不是很高,更经济可行的方案是让清洁能源替代85%的化石燃料,剩余15%的交通能耗通过碳汇或碳捕捉与封存技术完成碳中和。

四、道路交通净零排放的实施路径

交通领域的涵盖范围极广,包括航空、铁路、水运、管道、城市交通等。其中,城市交通包括城市轨道交通、地面公交、出租汽车、货运、社会交通(如私人小客车、社会中大型客车)等多个细分领域。

城市交通碳排放主要源于两个方面:第一,使用不可再生能源生产电能所产生的碳排放;第二,燃烧汽油、柴油等传统能源产生的碳排放。例如,北京城市交通系统每年的碳排放超过千万吨,其中汽油、柴油等传统能源燃烧产生的碳排放占比92%,轨道交通、新能源汽车等用电产生的碳排放占比8%。

从全球视角看,新冠肺炎疫情对世界各国的经济造成了巨大冲击,为了在后疫情时代尽快实现经济复苏,欧美等发达国家将关注点放到了交通运输行业脱碳化上。

欧盟发布的《欧洲绿色协议》指出,要进一步提升铁路货运与内河航运的运力,大力发展智能网联汽车产业,构建智慧交通系统,积极推进新能源汽车充电基础设施建设等,通过这些措施加大在绿色交通基础设施领域的投资。

美国拜登政府发布的"救助美国计划"也涉及交通行业,提出加大在城际轨道交通建设领域的投资、维持公共交通正常运营、加速新能源汽车产业发展、推广充电基础设施、发展自动驾驶汽车产业等一系列措施。

近年来,为了应对气候变化,实现碳达峰、碳中和的目标,我国围绕道路交通出台了一系列政策。同时,随着互联网、物联网、人工智能、大数据等新兴技术不断发展,道路交通行业进入难得一遇的技术变革期。在各种新兴技术的支持下,新能源汽车飞速发展,共享单车、自动驾驶等绿色出行方式逐渐成为新的潮流,为交通领域的碳减排做出了重要贡献。

但我国道路交通行业想要真正实现碳中和,必须在30年内将碳排放从峰值降至零。为了做到这一点,我国道路交通行业必将经历一场大刀阔斧的改革,例如全面调整货运结构、探索低成本的减排技术、大力发展氢燃料电池重型货车等。

针对我国道路交通行业的碳减排,世界资源研究所在 2019 年发布的《中国道路交通 2050 年"净零"排放路径》中提出了四大策略,如表 7-2 所示。

表 7-2 《中国道路交通 2050 年"净零"排放路径》的四大策略

序号	具体策略
1	转变交通运输方式,将道路交通领域的碳排放减少 35%,具体包括:发展多式联运,形成"公转铁、公转水"和多式联运的新货运模式;推广绿色出行,加大对公共交通的路权保障;利用车联网与数字道路基础设施,对城市道路的功能空间进行合理分配,规划自行车与步行区,大力推广这种零碳排放的出行方式
2	发展绿色能源,促使车辆燃烧实现脱碳化,将道路交通领域的碳排放减少 35%,具体措施包括大力发展新能源汽车,加速车辆电动化,用低碳燃料代替传统的柴油、汽油,鼓励城市物流与城际货运领域的车辆实现电动化
3	减少车辆行驶里程,将道路交通领域的碳排放减少 35%,具体措施包括创建基于"碳价"的道路交通客、货运收费机制,建立碳价入费机制,在各地区规划建设零排放区试点,创建交通碳中和市场化机制
4	通过建设清洁电网、发展可再生能源等方式,将道路交通领域的碳排放减少 18%,实现零排放目标

"十四五"期间,我国要持续深化交通系统的脱碳化改革,结合我国的实际情况制定道路交通净零排放路径,加快在部分地区建立试点,转变我国在后疫情时代的经济发展方式,推动碳达峰、碳中和目标有序实现。

第二节　绿色交通:构建可持续的出行新模式

一、绿色交通:引领未来出行变革

发展"绿色交通"已经成为世界各国的共识,是解决日益严峻的城市交通问题、促进城市可持续发展、建设生态文明的重要举措。在中国特色社会主义建设新时期,习近平总书记多次强调要将生态文明建设放在全党全局工作的重要位置,平衡好经济社会发展与生态环境保护之间的关系,让良好的生态环境成为人民品质生活和经济社会持续健康发展的支撑点,构建环境友好型的发展模式,为我国绿色交通发展明确了方向。

交通运输是支撑整个国民经济发展的基础性、先导性、战略性产业,也是满足人民日益增长的美好生活需要的重要一环。不过,交通运输业同样也是消耗能源、排放温室气体的主要行业之一,面临着日益严峻的资源环境压力,需要探索新的发展理念、模式和路径。

(一)我国绿色交通建设取得的成就

绿色交通已经成为全球范围内城市交通网络建设的必然趋势。我国城市交通发展要积极融入绿色交通理念,将其作为建设生态文明、实现绿色可持续发展的重要方向。近年来,从中央到地方的各级交通部门出台了一系列鼓励城市交通运输向绿色低碳转型的法律法规、政策规划和标准,有力推动了集约高效、良性可持续的现代综合交通运输网络的建立与完善,我国绿色交通发展取得了显著成效,如表7-3所示。

表 7-3　我国绿色交通发展取得的五大成效

序号	发展成效
1	绿色交通基础设施基本建成,综合交通运输网络的总里程突破了500万公里
2	交通运输装备逐步向专业化、标准化、大型化、绿色化升级迭代

序号	发展成效
3	绿色、高效、多元的交通运输网络系统逐步成形并不断完善。2020年,全国36个中心城市实现公共交通客运量441.5亿人,不同交通运输方式高效对接的多式联运模式发展迅猛
4	大数据、云计算、移动互联网、物联网等新一代信息技术不断应用到交通运输领域,增强了绿色交通发展的创新能力,交通运输业在节能减排、低碳化发展、高效运行等方面取得了显著成果
5	交通运输国内国外统筹发展初见成效;与其他国家或地区的绿色交通合作不断深化,中欧班列的开通密切了亚欧大陆的联系,促成了国际航空减排决议,逐渐在世界上树立起我国交通运输业走绿色、低碳、环保、可持续发展道路的良好形象

(二)我国绿色交通体系建设任重道远

虽然我国的绿色交通建设取得了一定的成绩,但与国外成熟的绿色交通体系相比还有不小差距,无法满足人民群众日益增长的交通出行服务方面更多、更高的诉求。因此,我国绿色交通体系建设任重道远,需要正视以下问题和困难。

(1)从整体看,国内交通运输业没有完全树立起绿色交通的发展理念,需要加快建立并不断强化自觉参与、有力支持、有效维护绿色交通发展的行业氛围,真正使绿色交通成为交通运输业相关主体的指导理念和实践目标。

(2)尚未建立起比较完善的、能有效促进交通运输业发展方式转变和动能转换的法规政策和标准体系,行业监管缺位,导致我国交通运输业的发展方式仍然是依靠增加资源投入的粗放型模式,没能从根本上转变发展方式,实现动能转换。

(3)具体发展措施方面,我国交通基础设施建设的资源环境瓶颈日益凸显,运输结构不合理,高效的多式联运方式尚未成熟,交通运输装备的绿色化水平仍有待提高。

(三)践行绿色理念,推动交通运输可持续发展

绿色交通与环境保护、可持续发展理念一脉相承,是一种全新的交通发展

理念,能够以最少的社会成本实现最高的交通运输效率,有助于解决交通拥堵、资源能源利用率低、环境污染等各种难题,推动交通运输实现绿色性、低碳化和可持续发展。因此,新时代我国交通运输业的发展必须践行绿色发展理念,实现绿色转型。

(1)一方面要不断增强交通运输行业从业人员的节能环保意识和技能,另一方面要通过多种手段培育、鼓励社会公众采取绿色出行方式,形成全社会共同参与绿色交通建设的良好氛围。

(2)加强交通运输国际产业产能合作,积极学习借鉴发达国家绿色交通发展方面的成功经验和模式,同时也向其他国家讲述中国绿色交通故事,为世界绿色交通产业的发展贡献"中国智慧"和"中国力量"。

(3)不断提高我国在交通运输国际组织中的话语权,为我国绿色交通发展营造良好的国际环境,并切实促进世界交通行业的可持续发展。

二、落地策略:让出行生活更美好

"十四五"时期是完善交通运输基础设施建设、提高交通出行服务水平、实现交通运输行业发展方式转型和动能转换的关键期,要以"创新、协调、绿色、开放、共享"五大发展理念为指引,加快建设安全、便捷、经济、舒适、高效、绿色的现代综合交通运输体系,充分满足社会经济发展和人民日益增长的交通出行服务需求。

对此,我国要以绿色交通为基本理念和实践目标,围绕降低交通运输能源消耗、减少碳排放强度和总量这一核心,不断优化结构、创新科技、提升能力,从多角度综合施策,加快实现交通运输行业的"绿色性"。

(一)深入推进交通运输业供给侧结构性改革

从供给端看,我国应采取三大策略推进交通运输业的供给侧结构性改革,从根本上增加交通运输领域的有效供给,提高优质供给能力,如表7-4所示。

表7-4 推进交通运输业供给侧结构性改革的三大策略

序号	具体策略
1	在顶层战略规划方面,处理好交通基础设施建设、日益增长的运输和出行服务需求与有限的资源能源和环境承载力之间的关系,推动交通运输业向资源节约型、环境友好型方向发展
2	加快促进交通运输业发展方式转型和动能转换,大力培育、鼓励、扶持绿色交通发展新动力和新业态,通过理念、技术、体制机制与管理服务等多方面的创新变革,深度挖掘我国交通运输行业绿色发展潜能
3	以"绿色交通"为目标,坚持问题导向,聚焦绿色交通建设短板,深化行业改革,打破制约绿色交通发展的各种因素,通过供给侧结构性改革不断提高我国绿色交通的有效供给能力和供给质量

(二)推动绿色交通基础设施建设

我国要加快补齐绿色交通发展的基础设施短板:通过交通线路和枢纽设施的统筹规划布局,实现土地、线位、桥位、岸线等资源的优化配置,提高资源利用效率;着重建设"十纵十横"综合交通运输大通道网络,形成交通基础设施横贯东西、纵贯南北、内畅外通的格局;拓展交通基础服务网的覆盖范围,提高普通干线网的运行效率,积极构建更多高品质的快速交通网,不断提高我国交通运输行业的供给质量和效率。

(三)提高运输服务效率和质量

绿色交通是一种高效高质的交通运输形态,我国应从以下三点发力,不断提高交通运输服务的效率和质量,如表7-5所示。

表7-5 提高交通运输服务效率和质量的三大策略

序号	具体策略
1	不断优化交通运输结构,大力发展铁路、水路运输和城市公共交通,完善航空和公路运输,加快推进交通运输业的结构性减排,充分发挥不同交通运输方式的比较优势,以构建"宜陆则陆、宜水则水、宜空则空"的运输模式,大幅提高运输效率

续表

序号	具体策略
2	加快建立和完善多式联运、甩挂运输、共同配送等高效运输形式,充分发挥综合运输中不同运输方式的比较优势,获得最大的组合运输效益,实现绿色货运
3	打造绿色客运,推动不同运输方式高效对接与深度融合,实现居民出行"零换乘";加快落地公交优先的交通发展战略,不断提高公交出行分担率;建立城市慢行交通系统,在有条件的地区实施农村客运班线的公交化改造,让绿色交通发展成果惠及更多民众

(四)着重降低交通运输发展的环境成本

发展绿色交通,还要通过多种手段不断降低交通运输发展的环境成本,让交通运输业更低碳、更绿色,具体策略如表7—6所示。

表7—6　降低交通运输发展环境成本的三大策略

序号	具体策略
1	不断提高绿色交通治理能力,建立健全绿色交通相关法律法规和政策标准,让绿色交通建设有法可依;优化交通运输环境监测手段、加大监测力度,提高交通运输基础设施环保意识,加快开展污染综合防治工作
2	优化交通运输行业的能源结构,不断提高新能源、清洁能源的比重,持续减少交通运输行业的碳排放强度和总量,实现低碳交通
3	加快绿色交通相关技术的突破创新,不断提高交通运输装备的能效水平和运输效率,实现资源能源循环利用;加快构建城市智能交通网络,打破交通运输领域的"孤岛"现象,通过交通运输大数据资源的综合应用和跨部门共享促进绿色交通快速发展

三、绿色城市轨道交通的规划路径

交通网络是城市的"血液循环系统",在很大程度上决定着城市化进程和城市发展水平。面对城市化过程中日益严峻的交通压力,我国要坚持绿色交通理念,将环境、资源等要素融入城市交通规划,积极借鉴国外先进的城市交通规划经验,构建适应新时代社会经济发展和公众需求的城市交通路网。

城市作为人口高度密集地区,需要大力发展城市交通以满足人们的出行需求,但在此过程中产生了日益严重的城市交通问题,如交通拥堵、交通事故、交通噪声、资源能源消耗增多、路网可靠性降低、环境污染、社会成本持续攀升等。

依托技术发展红利,我国的汽车环保水平和城市道路利用水平实现了大幅提高,但随着城市交通需求不断增加,上述城市交通问题并未得到明显改善。因此,仅从公众交通需求角度切入无法有效解决城市交通问题,必须从城市发展的宏观视角出发系统解决与交通相关的所有问题,打造绿色交通网络。

轨道交通是一种环境友好型绿色交通,是解决长期制约我国城市发展的各类交通问题的有效路径,北京、上海、广州等大城市建成地铁和轻轨后获得的巨大交通效益已经充分证明了这一点,也吸引了越来越多的城市参与到城市轨道交通建设中。

(一)交通路网规划布局及优化

从总体上看,北京、上海、广州等国内大城市的交通路网规划普遍存在几大问题,如图7-3所示。

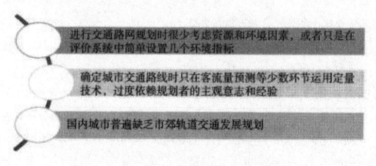

进行交通路网规划时很少考虑资源和环境因素,或者只是在评价系统中简单设置几个环境指标

确定城市交通路线时只在客流量预测等少数环节运用定量技术,过度依赖规划者的主观意志和经验

国内城市普遍缺乏市郊轨道交通发展规划

图7-3 交通路网规划面临的三大问题

(1)进行交通路网规划时很少考虑资源和环境因素,或者只是在评价系统中简单设置几个环境指标,这显然与绿色交通的发展理念不符,后者要求从路网规划开始就将资源投入、环境承载力等因素考虑进去,推动城市交通实现可持续发展。

(2)我国在确定城市交通路线时,更偏重采用主观分析的定性方法,整个规划过程只在客流量预测等少数环节中运用定量技术,城市路线大多依据规划者的主观意志和经验确定。然而随着城市快速发展,新的主客流方向必然会形成新的主干路线,导致整个城市路网零碎散乱,缺乏系统性和协同性,影响城市交通效率。

(3)国内城市普遍缺乏市郊轨道交通发展规划。随着城市规模快速扩张,市郊轨道建设势在必行,如日本东京等很多国外大城市早已开始这方面的布局。我国城市也应充分发挥在轨道交通建设方面的"后发优势",将市郊轨道建设纳入整个城市轨道交通发展规划中,构建可持续发展的现代城市轨道交通系统。

(二)城市轨道交通线网评价及优化

国内城市轨道交通建设的另一个问题是缺乏科学统一的评价指标体系,导致轨道交通规划缺乏明确的方向,具体表现在四个方面,如图7—4所示。

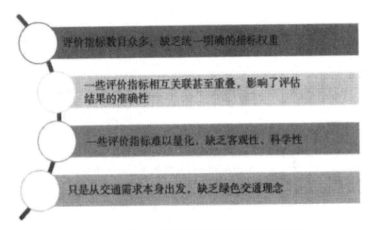

图7—4 城市轨道交通线网评价及优化存在的问题

(1)城市轨道交通线网的评价指标数目众多,缺乏统一明确的指标权重,容易造成一定的偏差,偏差积累最终可能导致实际结果与预期目标相去甚远。

(2)一些评价指标相互关联甚至重叠,影响了评估结果的准确性,如在广州市快速轨道交通路网规划的评价指标中,公交平均出行时间与公交平均出行车速两个指标高度关联,很大程度上是对同一内容的衡量。

(3)一些评价指标难以量化,缺乏客观性、科学性,如促进土地合理开发利用、提高劳动生产率这类指标,属于偏重规划者主观认知和经验的定性分析,难以量化操作,从而影响了评估体系的科学性、客观性。

(4)当前国内城市的轨道交通规划评价体系只是从交通需求本身出发,没有将舒适度、安全度、环境、噪声、污染等人为因素考虑在内，缺乏"绿色交通"理念。

四、绿色轨道交通规划的基本原则

绿色交通作为一种全新的交通规划理念，除了满足日益增长的交通需求之外，还在"以人为本"基本理念的指导下将资源、环境等绿色因素充分考虑在内，为解决城市交通拥堵、环境污染、资源能源损耗过度等问题提供有效方案，最终以绿色交通促进整个城市实现可持续发展。

（一）绿色轨道交通路网规划的基本原则

借鉴伦敦、纽约、巴黎、东京四大国际都市的轨道交通发展经验，综合考虑我国城市轨道交通路网规划中的现状和问题，我国城市绿色轨道交通路网规划要遵循六大原则，如表 7—7 所示。

表 7—7　城市绿色轨道交通路网规划的六大原则

原则	具体内容
适应乃至超前城市总体发展规划	轨道交通规划必须纳入城市总体发展战略框架，规划者要深刻意识到轨道交通设施的建立与完善是人口集聚的巨大动力，而人口集聚又会带来更多的交通出行需求和新的交通走廊，因此在轨道交通规划中要充分考虑后续的承载力和拓展空间，注重轨道交通发展的可持续性
充分考虑轨道交通带来的环境影响	主要是噪声污染、震动等影响周边居民生活质量的环境问题
轨道交通路网布局走向要契合城市整体发展方向	在"绿色交通"理念下，轨道交通建设不是单纯地解决城市交通问题，而是要作为城市重要的"血液循环系统"引导城市发展，对促进城市从单一中心的同心圆结构转向多中心的发展格局具有重要作用

续表

原则	具体内容
构建高效对接的换乘系统	轨道交通与道路交通、城际铁路等其他交通方式共同构成立体化的现代城市综合交通网络,该网络与其他交通工具的衔接协同程度直接影响着轨道交通乃至整个城市交通系统的运行效率
尽量避免在繁华的城市中心区域建设地面上的高架线路	一方面,市中心人口密集,容易扰民;另一方面,城市中心区的高层建筑比较多,不利于污染物扩散,会加重污染
将旅游需求纳入规划方案	随着越来越多的城市大力发展旅游业等第三产业,轨道交通规划必须充分考虑不断增长的城市旅游需求,将特色旅游景点纳入轨道交通路网覆盖范围,增强城市轨道交通的可持续发展能力

(二)建设城市轨道交通应注意的问题

新时代的城市交通网络规划要践行绿色交通发展理念,不仅要满足日益增长的城市交通出行需求,还要通过大力发展轨道交通等公共出行方式减少私人交通工具的使用,有效解决交通拥堵、环境污染、资源能源损耗过度等城市交通问题,实现城市交通的"绿色性",引导、推动城市交通向着良性可持续的方向发展。

我国在建设绿色城市轨道交通的实践中要注意的问题如图7—5所示。

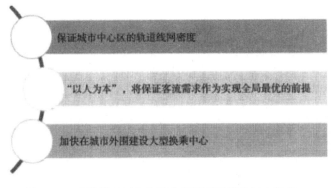

图7—5　建设绿色城市轨道交通需要注意的三大问题

1.保证城市中心区的轨道线网密度

如果城市中心区轨道线网密度不够,居民乘坐不方便,轨道交通就会失去对乘客的吸引力,导致客流转向其他交通工具。例如,巴黎、伦敦、纽约三大国际都市中心区轨道线网密度分别为每平方公里 2.97 公里、2.56 公里和 3.17 公里,我国青岛在 2010 年进行城市轨道交通规划时要求中心区的轨道线网密度达到 1.2 公里/平方公里。

2."以人为本",将保证客流需求作为实现全局最优的前提

进行线路优化时,不能只从轨道交通线网全局最优的角度出发,而是要充分考虑客流需求,采取局部优化与整体优化相结合的方法。

3.加快在城市外围建设大型换乘中心

将市中心的长途汽车站、火车站迁移到外围,一方面可以减少市中心的外来车辆,将更多客流引向轨道交通等公共交通工具,缓解城市中心区域的交通压力;另一方面也可以直接将原有的铁路线作为中心区域的轨道交通线路,降低轨道交通的建设成本。

第三节　智驱未来：智能网联汽车时代的来临

一、全球智能网联汽车"军备竞赛"

未来，全球汽车产业将变得更加智能化、网络化，这是汽车产业发展的必然趋势。在这种趋势下，智能网联汽车应运而生。智能网联汽车作为全球新一轮产业革命的关键着力点，同时也是这一轮革命的战略制高点，不仅对汽车产业的跨界发展具有实际意义，而且对汽车产业的转型升级具有实际意义。

目前，智能网联汽车的发展受到各国政府的高度重视，例如欧盟各国、美国、日本等汽车强国都已经将其纳入国家顶层规划，并制定了一系列发展战略。各汽车强国采取了多项措施来发展智能网联汽车，包括产业政策、标准规范、测试认证、示范运营等。这些措施具有三大作用：一是加快推进国家在全产业链上的布局；二是有助于国家在未来汽车产业竞争中抢占战略制高点；三是有助于国家在汽车产业转型升级过程中抢占先机。

（一）国外自动驾驶汽车战略布局

2018年，欧盟、美国和日本相继出台了多项用于指导自动驾驶汽车发展的相关文件，如《通往自动化出行之路：欧盟未来出行战略》《自动驾驶汽车3.0：准备迎接未来交通》《自动驾驶相关制度整备大纲》《自动驾驶汽车安全技术指南》等，如图7-6所示。汽车强国一方面加快政策立法，推动自动驾驶技术发展，规范自动驾驶技术的应用；另一方面不断加强自动驾驶技术的创新，推动自动驾驶技术商业化落地。更重要的是，这些国家发布的与自动驾驶汽车相关的指导性文件不仅明确了汽车产业发展进程和规划，还明确界定了自动驾驶事故的相关责任。

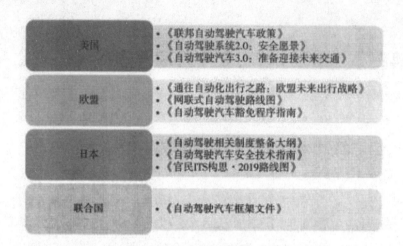

图 7-6　国外指导自动驾驶汽车发展的相关文件

目前,许多发达国家正在逐步加快出台相关的支持性文件,为自动驾驶技术的发展提供政策支持。2019年3月,欧盟道路交通研究咨询委员会(ERT-RAC)发布了《网联式自动驾驶路线图》,这一文件对其自动驾驶路线进行了更新,增加了网联式自动驾驶的内容,强调了自动驾驶汽车的协同互联,明确了在数字化基础设施支撑下的网联式协同自动驾驶概念。同年4月,欧盟通过了对《自动驾驶汽车豁免程序指南》的审批,以协调国家对自动驾驶车辆的安全评估,该指南对L3和L4级别的自动驾驶汽车给予了重点关注。

2019年5月,日本颁布了《道路运输车辆法》修正案。《道路运输车辆法》修正案规定了自动驾驶的安全标准,提出了2020年要在高速公路和人口稀少地区实现自动驾驶的目标,即在2020年争取在高速公路上实现"3级(可在紧急情况下由人驾驶)"自动驾驶,在人口稀少地区实现"4级(在限定道路和环境条件下由车辆完成所有驾驶操作)"自动驾驶。另外,日本还规划了自动驾驶的具体实现时间,从乘用车、物流车、出行服务等角度进行考虑和设计,制定了《官民ITS构思·2019路线图》。

自动驾驶汽车的发展需要相关法律法规的规范和约束,目前,联合国世界车辆法规协调论坛(WP.29)已经将相关法规的制定与协调作为重点工作,各缔约方及相关政府、非政府组织也对这一工作给予了高度关注。2019年,在WP.29工作会议上,自动驾驶车辆工作组新增了三个非正式工作组,分别负责自动驾驶记录系统、自动驾驶功能要求、自动驾驶汽车评价方法的相关工作。

同年 6 月,联合国世界车辆法规协调论坛第 178 次全体会议在日内瓦隆重举行,此次会议通过了《自动驾驶汽车框架文件》,该框架文件由中国、欧盟、日本和美国共同提出,目的是确定自动驾驶汽车的安全性和相关原则,主要针对的是 L3 及更高级别的自动驾驶汽车。此外,这一框架方案也可以用来指导 WP. 29 附属工作组的工作。

(二)国内智能网联汽车战略布局

我国对自动驾驶技术的发展和应用也非常重视,为了推动自动驾驶汽车创新发展,颁布了一系列政策法规。2018 年初,国家发展改革委发布了《智能汽车创新发展战略》(征求意见稿)。该文件阐明我国需要遵循"三步走"战略发展智能汽车,同时明确提出智能汽车产业的发展目标。不久之后,我国工业和信息化部、公安部、交通运输部联合印发《智能网联汽车道路测试管理规范(试行)》,主要对两项内容进行了规范:一是智能网联汽车道路测试的申请、审核和管理;二是测试主体、测试驾驶人和测试车辆。2018 年末,我国工业和信息化部又发布了《车联网(智能网联汽车)产业发展行动计划》,进一步助力我国智能网联汽车产业的发展。

2019 年 9 月,中共中央、国务院联合印发《交通强国建设纲要》,这一纲要对我国未来在交通领域的战略目标做出了明确规定,即截止到 2035 年,我国要基本建成交通强国,特别是加强智能网联汽车的研发,形成集智能汽车、自动驾驶、车路协同于一身的自主可控的完整产业链。2020 年 2 月 24 日,国家发展改革委等 11 个部委联合发布《智能汽车创新发展战略》,提出要构建六大体系,分别是技术创新、产业生态、路网设施、法规标准、产品监管和信息安全。在这六大体系的支撑下,我国智能网联汽车将迎来跨越式发展期。

二、智能网联汽车的标准体系建设

智能网联汽车标准体系建设是智能网联汽车健康可持续发展的基础,我们在此分国际和国内两个层面进行探讨,具体分析如下。

（一）国际智能网联汽车标准体系建设

目前,道路和车辆的标准化工作主要是由国际标准化组织——道路车辆技术委员会(ISO/TC22)负责。道路车辆技术委员会主要由 11 个分委会组成,即 SC31~SC41,包括车辆通信(SC31)、车辆电气电子部件及通用系统(SC32)、车辆动力学及底盘部件(SC33)等。

其中,SC31 工作组发布了网联车辆(ExVe)方法论 ISO 20077 系列标准,主要包含两个部分,即通用信息和设计导则,主要作用是提供网联汽车的通用信息、专业术语、设计规范和原则等。另外,该工作组正在制定的标准有两个:一是 ExVe 网络服务 ISO 20078 系列标准;二是以太网 ISO 21111 系列标准。目前,SC32 工作组单独成功发布的标准是功能安全 ISO 26262:2018 版系列标准,同时与美国汽车工程师学会(SAE)联合开发了信息安全 ISO/SAE 21434 国际标准,并在积极制定预期功能安全 ISO 21448 国际标准。

此外,城郊地面运输信息、通信和控制系统的标准化工作主要由智能交通系统技术委员会(ISO/TC204)负责。目前,ISO/TC204 与 SAE 联合制定了智能交通系统 ISO/SAE 22736 标准,不仅给出了道路车辆自动驾驶系统的术语定义,还对自动驾驶系统做出了标准化的分类。

（二）国内智能网联汽车标准体系建设

2017 年 12 月,我国正式启动智能网联汽车标准制定工作。目前,全国汽车标准化技术委员会(以下简称"全国汽标委")智能网联汽车分标委已经设立了多个工作组,以逐步开展智能网联汽车相关标准的研究和制定工作,其中具有代表性的工作组有驾驶辅助系统工作组、自动驾驶工作组、汽车信息安全工作组、汽车功能安全工作组和网联功能及应用工作组。

在工业和信息化部的组织和领导下,全国汽标委分别在 2018 年和 2019 年编制并发布了智能网联汽车标准化的相关工作要点。其中,最新的《2019 年智能网联汽车标准化工作要点》提出了以下三项重点内容:一是要进一步落实《国家车联网产业标准体系建设指南(智能网联汽车)》;二是要加快制定智能网联汽车的基础通用和行业急需标准;三是加强智能网联汽车相关标准的关键技术研究和试验验证工作。

目前,我国智能网联汽车的标准化工作正在逐渐开展,各细分领域的标准研究和制定正在稳步进行,全国汽标委正在全力推进相关工作进一步落实。现阶段,由全国汽标委主导的智能网联汽车推荐性国家标准共有四十多项,包括高级辅助驾驶系统、自动驾驶、信息安全、功能安全、网联功能与应用等。除了这些正在全力推进的标准化工作,全国汽标委计划在 2025 年制定 100 项以上的智能网联汽车标准。

三、智能网联汽车行业的创新方向

智能网联汽车产业的发展要实现三大创新融合,分别是政策法律创新、技术创新、商业模式创新,如图 7—7 所示。如果能在这些方面实现卓有成效的创新融合,那么未来 20 年,我国必将在汽车工业领域占据绝对竞争优势。

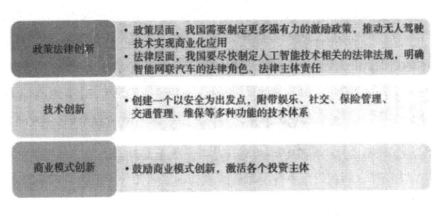

图 7—7　智能网联汽车产业发展的三大创新方向

(一)智能网联汽车政策法律创新

在政策层面,我国需要制定更多强有力的激励政策,推动无人驾驶技术实现商业化应用,例如打造多个模范带头企业,降低研发成本,提高研发效率。

在法律层面,我国要尽快制定人工智能技术相关的法律法规,明确智能网联汽车的法律角色、法律主体责任。一般来说,主体责任人应该包括产权人、控制者和使用者。为了完善法律法规,可以先从地方着手,建立相应的试点,"以点带面"地统一制定。

政府部门要统筹布局,强化顶层设计,建立支撑智能网联汽车产业发展的政策体系,为智能网联汽车的健康发展营造良好的环境;将智能网联汽车产业与新能源汽车产业相结合,打造低碳、智能的交通体系,为智慧交通、智慧城市和服务产业的全面升级提供强有力的支持。另外,我国要加快智能网联汽车产业在体制、机制、商业模式等方面的创新,积极引入国际资源,加强与其他国家的交流合作,提前进行全球化布局,不断提升自身的国际影响力。

(二)智能网联汽车技术创新

智能网联汽车技术包含感知控制技术、网联技术、识别技术、综合判断技术等多种技术,是一个以安全为出发点,附带娱乐、社交、保险管理、交通管理、维保等多种功能的技术体系。目前,智能网联汽车的设计更多考虑的是智能与网联,对识别技术考虑得不多。以无人驾驶汽车的设计为例,设计师更多考虑的是感知技术,对识别技术考虑得不多。识别技术与高级驾驶辅助系统不同,它是一种人工智能技术。赋予汽车识别技术,就相当于赋予其"耳朵"和"眼睛"。目前的汽车技术只能通过传感器感知外界事物,还不能通过"眼睛"和"耳朵"对外界事物做出判断。在为汽车配置识别技术的同时,还需要为其配置高清数字地图用以辅助决策。智能网联汽车的三维技术体系如图7—8所示。

(三)智能网联汽车商业模式创新

良好的商业模式能成就一个产业。如果我国在未来十年可以更新换代3亿辆汽车,每辆汽车以10万元计算的话,就可以形成30万亿元的巨大产业,同时也能为智慧公路、集成电路产业、互联网内容服务等带来大规模的投资。这种商业模式类似于电信运营商和互联网公司之间的关系,前者是"管道",后者是利润的"聚集地"。如果道路运营投资公司能主动抓住机遇,就会成为"车辆的管道",平台投资商则能获得用户的海量数据,成为利润的"聚集地"。因此,鼓励商业模式创新,激活各个投资主体是当前主管部门的主要任务。

目前,我国的主要目标是推进经济转型升级、鼓励产业创新、建设网络强国,要实现这样的目标需要以新兴产业作为主要途径,智能网联汽车正是新兴产业的主要代表之一。我国拥有优越的制度、良好的政策环境、巨大的市场容量、大量的研发团队、创新型的技术人才、完善的道路基础设施以及稳定的测试环境，只要抓住智能网联汽车的发展机遇，一定可以在国际汽车工业和制造业领域实现"弯道超车"。

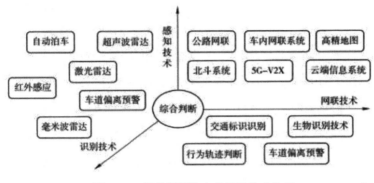

图 7—8　智能网联汽车的三维技术体系

四、我国智能网联汽车产业的发展对策

为了推动智能网联汽车产业快速发展，我国政府、行业、企业要通力合作，采取有效措施。具体分析如图 7—9 所示。

图 7—9　推动智能网联汽车产业发展的四大策略

（一）跨行业协同机制需要不断加强

智能网联汽车产业是一个综合性产业，需要跨行业、跨领域、跨技术合作。智能网联汽车产业的发展与汽车、交通、电子、通信、互联网等行业的发展息息相关，由于这一行业的复杂性和综合性，其主管部门也相对较多，包括国家发展和改革委员会、工业和信息化部、交通运输部和公安部等多个部委。

智能网联汽车产业的发展需要从政策、法规、标准、测试、示范等方面协同推进。各部门之间要加强合作，各领域之间要协同配合，各行业之间要充分发挥"产学研用"创新资源优势，构建国家智能网联汽车创新中心，打造集资本、技术、产业于一身的技术创新体系，只有这样，才能加快我国汽车产业的转型升级，践行智能网联汽车的国家发展战略，实现建设工业强国和信息强国的终极目标。

（二）产业关键标准法规需要快速健全

智能网联汽车拥有庞大的产业链，是由各领域深度融合形成的新兴事物，因此，它的发展不仅要建立在统一的标准架构之上，还要适应相关法律法规的要求。

为了推动智能网联汽车发展，一方面要积极建设标准化的体系，如统一制定车载终端、通信协议、测试评价、信息安全、关键技术的标准等；另一方面要积极制定相关的交通法律法规，例如对《道路交通安全法》等法律进行适应性修订，明确智能网联汽车的交通责任认定，打造符合我国国情的智能网联汽车法律体系。

（三）产业核心技术研发需要加快推进

目前，我国在汽车整车和关键零部件领域并没有多少竞争优势，一些核心技术还没有完全自主的知识产权，不少核心技术依赖其他国家，比如高性能传感器、专用芯片、车载计算平台、智能操作系统等关键技术尚无法达到世界先进水平，一些关键基础零部件依赖进口。

同时，我国智能网联汽车产业的发展面临着关键技术空心化的问题，需要大力发展产业前瞻技术、共性关键技术和跨行业融合技术,以核心技术研发和产业化形成技术领先优势,解决关键技术空心化问题,打造智能网联汽车自主技术链和产业链。

(四)产业测试示范应用需要先行一步

推动智能网联汽车产业快速落地,促进智能网联汽车安全运行,一方面要积极发展相关技术,另一方面要注重与之相关的测试评价和示范应用。

具体来说就是要做好以下工作:在技术上,开发并完善测试评价技术;在合作上,让各测试评价机构开展跨部门、跨领域合作;在评价体系上,创建测试基础数据库,建立整车级、系统级和零部件级的测试评价体系;在验证工具上,重点研发虚拟仿真、软硬件结合仿真、实车道路测试等验证工具;在测试评价能力上,不断提高企业和第三方机构的测试评价能力;此外,应建立智能汽车技术试验基地,成立安全运行评价中心。

第八章　推进碳中和——节能建筑

早在 2007 年,我国就展开了第一批生态城项目的开发建设。此后我国对于"近零能耗建筑"的探索与研究不断加深,各地相关政策及标准也不断出台、更新。建筑领域相关行业的产业升级、系统化发展,被动房及其相关的高科技与集成系统必定是实现建筑领域碳中和的最有效的路径。

自 2013 年,我国首栋超低能耗示范项目建成落地,经过长期发展探索,相关技术现已趋于成熟,"以室内环境健康舒适为前提的,最大限度地利用可再生能源,降低整体建筑能耗"已成为行业共识。超低能耗建筑必将如雨后春笋,欣欣向荣,在全国各地落地生根,开出不同的艳丽花朵,为祖国的减碳事业开疆扩土、加油助力。

第一节　绿色建筑:"双碳"驱动建筑新概念

一、低碳建筑:让城市生活更美好

根据联合国环境规划署发布的数据,在全球能源消耗中,建筑行业的能源消耗占比为 30%～40%,所产生的温室气体占比超过了 30%。如果建筑行业不改变生产方式、提高能效、节能减排,到 2050 年其排放的温室气体在温室气体排放总量中的占比将超过 50%。而按照规划,我国要在 2060 年实现碳中和,在这一目标的指引下,我国建筑行业必须实现深度脱碳,让二氧化碳实现近零排放。

(一)建筑能源利用现状

要了解建筑行业整个生命周期的碳排放与能耗,必须对建筑节能数据进行量化。根据中国建筑节能协会能耗专委会 2020 年发布的《中国建筑能耗研究报告(2020)》,2018 年全国建筑全寿命周期能耗为 21.47 亿吨标准煤,在全国能量消费总量中的占比大约为 46.5%。其中,建材生产、建筑施工、建筑运行三个阶段的能耗分别为 11 亿吨标准煤、0.47 亿吨标准煤、10 亿吨标准煤,在建筑全生命周期能耗中的占比分别为 51.3%、2.2%、46.6%,在全国能源消费总量中的占比分别为 23.8%、1% 和 21.7%。

2018 年全国建筑全生命周期的碳排放总量为 49.3 亿吨二氧化碳,在全国能源碳排放总量中的占比为 51.2%。其中,建材生产、建筑施工、建筑运行三个阶段的碳排放总量分别为 27.2 亿吨二氧化碳、1 亿吨二氧化碳、21.1 亿吨二氧化碳,在建筑全生命周期碳排放中的占比分别为 55.2%、2%、42.8%,在全国能源碳排放中的占比分别为 28.3%、1%、21.9%。

国家统计局公布的数据显示,2020 年,我国建筑行业总产值为 26.4 万亿元,同比增长 6.2%;建筑业增加值为 7.3 万亿元,同比增长 3.5%,占全国 GDP 的 7.2%。自 2011 年以来,建筑业增加值占国内生产总值的比重始终保持在 6.75% 以上,是国民经济的支柱产业。另外,我国建筑行业的规模居全球首位,每年新增建筑面积大约为 20 亿平方米,相当于全球新增建筑总面积的 1/3。因此,在碳中和目标下,建筑行业低碳化发展、深度脱碳势在必行。

(二)低碳建筑如何改变我们的城市生活

总而言之,建筑行业的低碳化发展,对于实现"双碳"目标、促进经济社会绿色发展将产生积极的推动作用,主要表现在五个方面,如图 8-1 所示。

1.对相关产品和产业产生积极影响

首先,高端制造业抢占发展先机。一直以来,我国建筑使用寿命都设定在 50~100 年,导致市场上的建筑材料和产品质量较差,使用寿命不超过 100 年,高品质的建筑材料与产品在国内市场上反而没有生存空间,存在严重的"劣币驱逐良币"现象。随着节能建筑、被动式建筑、绿色建筑等成为流行趋势,建筑材料与产品市场的竞争规则发生了较大改变,开始追求材料与产品的优良性能,使原有的"劣币驱逐良币"现象得到较大改善。

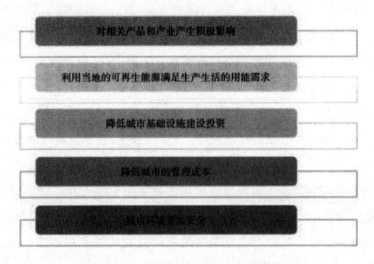

图 8—1　低碳建筑对人们生活的影响

其次,提升传统制造业的发展水平。随着上述技术推广应用,传统制造业的发展水平得以大幅提升。例如,我国是"五金件"生产大国,但被动门窗一直依靠国外进口。随着国内企业不断成长,相关技术不断成熟,生产的被动门窗已经达到出口标准,产品质量可以与国外知名企业的同类产品相较。

2.利用当地的可再生能源满足生产生活的用能需求

随着节能建筑、被动式建筑、绿色建筑等理念的推广,一些低品质能源可以得到充分利用。例如充分利用太阳能、风能等能源发电,代替传统的火力发电;对雨水、废水等进行处理再利用,用来补充建筑用水等。

3.降低城市基础设施建设投资

节能建筑、被动式建筑、绿色建筑等低能耗的建筑越来越多,将对城市基础设施建筑产生巨大影响,导致对城市基础设施投资大幅下降,具体表现在两个方面:一方面,对建筑供热系统与供能系统的需求大幅下降。另一方面,城市管廊无须设置供暖供冷设施,导致管廊空间变小,内部腔室数量下降,管廊建设投资大幅下降,预计将降至原有投资水平的1/5。

4.降低城市的管理成本

随着节能建筑、被动式建筑、绿色建筑等低能耗建筑实现规模化推广,风能、太阳能的使用成本不断下降,城市管理不会再产生供电管理成本以及供暖管理成本,导致城市管理成本大幅下降。

5.城市环境更加安全

随着风能、太阳能等可再生能源的推广应用,城市污染将大幅下降,城市环境将变得更加健康。

二、我国建筑节能标准与提升路径

在绿色低碳发展的时代背景下,建筑行业出现了许多新概念,例如绿色建筑、超低能耗建筑、被动式建筑、健康建筑等,推动建筑行业进入技术变革时代。上述建筑理念有一些共同点,就是通过使用热工性能更加符合气候特点的建筑外围护结构,对建筑构造与功能进行调整,利用自然采光、自然通风等被动式手段降低能源需求,以达到节能减排的目的。

从 20 世纪 80 年代起,我国建筑行业就开始从易到难、从点到面推行节能理念。在这个过程中,作为推行国家建筑节能政策的有效依据,《公共建筑节能设计标准》发挥了重要作用。1986 年发行的《民用建筑节能设计标准(采暖居住建筑部分)》(JGJ26－1986)是我国第一部建筑节能标准,此后 30 年,我国建筑节能标准按照北方采暖地区—夏热冬冷地区—夏热冬暖地区—公共建筑的顺序稳步推进,节能率从 30%、50%、65%提升至 75%,部分地区的节能率达到了80%。例如北京地区在 2021 年推行《居住建筑节能设计标准》(DB11/891－2020),将建筑的节能率提升到了 80%。需要注意的是,节能率是相对于供暖能耗来说的,以 1980 年标准住宅(80 住 2－4)供暖能耗为基准值确定。

从 1986 年到 2019 年,我国出台了很多建筑节能标准,具体如表 8－1所示。

表 8－1 我国建筑节能标准名称

年份	标准名称
1986	JGJ24－1986《民用建筑热工设计规范》 JGJ26－1986《民用建筑节能设计标准(采暖居住建筑部分)》
1990	《旅游旅馆节能设计暂行标准》

续表

年份	标准名称
1993	GB50176－1993《民用建筑热工设计规范》
	GB50178－1993《建筑气候区划标准》
	GB50189－1993《旅游旅馆建筑热工与空气调节节能设计标准》
1995	JGJ26－1995《民用建筑节能设计标准(采暖居住建筑部分)》
2001	JGJ134－2001《夏热冬冷地区居住建筑节能设计标准》
2003	JGJ75－2003《夏热冬冷地区居住建筑节能设计标准》
2005	GB50189－2005《公共建筑节能设计标准》
2007	GB5046－2007《建筑节能工程施工质量验收规范》
	JGJ/T132－2009《居住建筑节能检测标准》
2009	JGJ176－2009《公共建筑节能改造技术规范》
	JGJ/T177－2009《公共建筑节能检测标准》
2010	JGJ26－2010《严寒和寒冷地区居住建筑节能设计标准》
	JGJ134－2010《夏热冬冷地区居住建筑节能设计标准》
2012	JGJ75－2012《夏热冬冷地区居住建筑节能设计标准》
	JGJ/T129－2012《既有居住建筑节能改造设计规程》
2015	GB50189－2015《公共建筑节能设计标准》
2016	GB50176－2016《民用建筑热工设计规范》
2018	JGJ26－2018《严寒和寒冷地区居住建筑节能设计标准》
2019	JGJ475－2019《温和地区居住建筑节能设计标准》

不同地区节能标准的提升路径不同,严寒和寒冷地区节能标准的提升路径如图8－2所示。

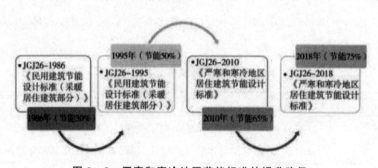

图8－2 严寒和寒冷地区节能标准的提升路径

需要注意的是,为了解 2000—2004 年全国建筑节能实施情况,住建部在 2005 年 6 月开展了一次调查,让各省市上报建筑节能实施情况。从上报结果看,超过 90% 的项目是按照《民用建筑节能设计标准(采暖居住建筑部分)》(JGJ26－1995)设计的,但最终只有 30% 左右的项目是按照标准建造的。由此可见,在这个阶段,我国建筑节能实施情况并不乐观。

2008 年,住建部围绕建筑节能开展专项检查,发现 2008 年新建建筑设计、建筑施工对节能标准的执行率基本达到了 100%。2005—2008 年,我国新建建筑设计、建筑施工对节能标准的执行情况如图 8－3 所示。

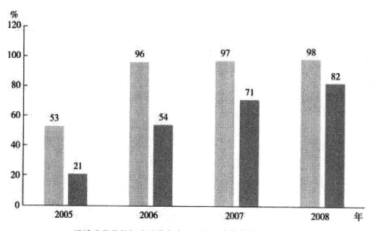

图 8－3　2005－2008 年我国新建建筑设计、建筑施工对节能标准的执行率

2020 年,全国大部分省份强制要求建筑设计与施工 100% 执行节能标准。例如,江西省规定"十三五"期间,新建建筑 100% 执行强制性节能标准,城镇绿色建筑占新建建筑的比例达到 50%。任何政策的推行实施都需要一个过程,建筑节能标准化也是如此。从 20 世纪 80 年代至今,我国建筑节能标准的覆盖范围越来越大,逐步形成了以建筑节能专用标准为核心的独立建筑节能标准体系。未来,我国将不断提升建筑节能设计的强制性标准,同时建立更高节能性能的技术标准作为引导,对建筑能耗总量进行有效控制。

三、被动式低能耗建筑的理念与发展

20 世纪 70 年代,"被动式建筑"理念在欧美国家迅速发展。1991 年,德国达姆斯塔特建造了世界上第一座被动式建筑。简单来说,被动式建筑就是将自然通风、自然采光、太阳能辐射、室内非供暖热源得热等被动式节能手段与建筑围护结构高效节能技术相结合建造而成的低能耗建筑。国内被动式建筑的发展趋势如图8-4所示。

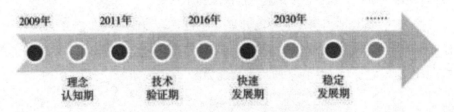

图8-4　国内被动式建筑的发展趋势

在被动式建筑领域,德国拥有世界领先的技术与标准。在过去70年间,建筑行业经历了三个发展阶段:第一个阶段是由住房危机引起的高速工业化导向;第二个阶段是由生态环境危机引起的健康环保导向;第三个阶段是由能源危机引起的高能效低排放导向。在过去30多年间,德国在高能效低排放导向阶段开发了很多新技术、新产品,在国际上处于领先地位。

随着气候危机席卷全球,德国建筑行业的技术创新有了更多内涵,逐渐从降低建筑使用过程中的能耗转向减少材料生产过程中的能耗,关注建筑全生命周期的能源利用效率。德国建筑行业的发展过程与发展趋势如图8-5所示。

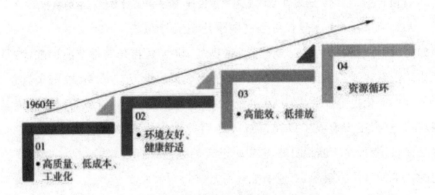

图8-5　德国建筑行业的发展过程与发展趋势

近几年,我国的被动式建筑快速发展,建造面积以每年几百万平方米的速度快速增长。截至2020年3月,我国各省市共发布了76项与被动式建筑有关的政策,在各个气候区的分布如图8-6所示。

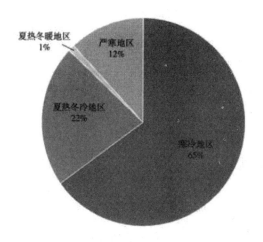

图 8-6 各气候区被动式建筑政策分布

在相关政策的引导下,2019 年我国建成及在建被动式建筑 700 多万平方米,其中河北省建成及在建被动式建筑 316 万平方米,对被动式建筑的推广产生了积极的推动作用。2019 年各省建成及在建的被动式建筑占比如图 8-7 所示。

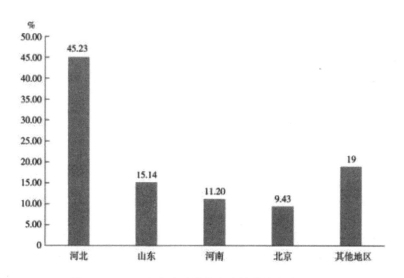

图 8-7 2019 年各省建成及在建的被动式建筑占比

在我国,被动式建筑率先在北方试行,到目前为止已经取得了不错的成绩。近几年,为了推动被动式建筑落地,南方地区很多省份也出台了相关政策。例如,2021 年 4 月,深圳市住房和建设局发布了《深圳市关于加大财政扶持力度促进建筑领域绿色创新发展若干措施（征求意见稿）》，围绕被动式建筑建设出台了一套奖励方案：如果建筑项目能够达到现行国家或深圳市超低能耗或（近）零能耗标准，具有良好的社会、环境、经济效益，可以产生引领示范作用，被认定为国家或深圳市超低能耗或（近）零能耗项目，可以获得每平方米最高补贴 150元、单个项目不超过 500 万元的补助。

四、绿色建筑：让建筑回归自然

绿色建筑这一概念在我国出现了 10 余年，经历了从无到有、从少到多、从单个社区到整个城区、从试点城市到全国的发展过程。目前，我国直辖市、省会城市及计划单列市的保障性安居工程已经强制执行绿色建筑标准。在政府政策的支持下，我国绿色建筑工程稳步推进，企业、政府、大众对绿色建筑的认知不断加深，对绿色建筑的需求不断提升，绿色建筑发展取得了显著成效。

经过"十三五"时期的不懈努力，2020 年，绿色建筑在城镇新建建筑中的占比超过了 50%。2006 年，我国发布了第一部《绿色建筑评价标准》，之后又分别在 2014 年和 2019 年发布了两版《绿色建筑评价标准》。正是在这些不断更新的《绿色建筑评价标准》的引导下，我国绿色建筑才实现了健康稳定的发展。目前，我国绿色建筑行业使用的是 2019 年版的《绿色建筑评价标准》。

这一版本的推出有特定的时代背景，即随着我国生态文明建设不断推进，建筑科技快速发展，绿色建筑在发展过程中遇到了很多问题。同时，建筑行业出现了很多新理念、新技术，例如建筑工业化、海绵城市、建筑信息模型、健康建筑等，这些内容在 2014 年版的《绿色建筑评价标准》中均没有做出说明。

另外，根据党的十九大报告，在中国特色社会主义建设新阶段，面对人民日益增长的美好生活需要和不平衡、不充分发展之间的矛盾，经济发展要坚持以人民为中心，以增进民生福祉为根本目的，保障和改善民生，满足人民日益增长的美好生活需要。同时，我国要践行绿色发展理念，创建绿色低碳可以实现循环发展的经济体系，以及以市场为导向的绿色技术创新体系，降低生产过程中的能耗，将生产系统与生活系统对接，建立良好的循环体系，在全社会范围内推广简约、绿色、低碳的生活方式，创建绿色学校、绿色社区、绿色家庭等。为了实现这些目标,我国更新了《绿色建筑评价标准》,2019 年版的《绿色建筑评价标准》应运而生。

2019 年版的《绿色建筑评价标准》吸收建筑科技发展过程中的新技术、新理念,拓展了绿色建筑的内涵,提高了建筑的安全性、耐久性以及节能方面的要求,新增室内空气质量、水质、健身条件、环境宜居、服务便捷等人性化要求,希望提高建筑的整体性能。

不同版本的《绿色建筑评价标准》对绿色建筑做出了不同的解释,具体定义及评价内容如表 8-2 所示。

表 8-2　不同版本的《绿色建筑评价标准》对绿色建筑的定义

项目	1.0 版	2.0 版	3.0 版
绿色建筑定义	在建筑的全生命周期内,最大限度地节约资源、保护环境、减少污染,为人们提供健康、适用、高效的使用空间和与自然和谐共生的建筑	在全生命周期内,最大限度地节约资源、保护环境、减少污染,为人们提供健康、适用、高效的使用空间和与自然和谐共生的建筑	在全生命周期内,节约资源、保护环境、减少污染,为人们提供健康、适用、高效的使用空间,最大限度地实现人与自然和谐共生的高质量建筑
指标体系	四节一环保	四节一环保＋施工管理	安全耐久、健康舒适、生活便利、资源节约、环境宜居
评价阶段	投入使用一年后	设计阶段＋运行阶段	建筑工程竣工后、预评价
评价等级	★/★★/★★★	★/★★/★★★	基本级/★/★★/★★★
评价机制	项数达标制	各类评分项＋权重	各类得分项分数之和
评价门槛	控制项必须满足,各板块均有最低达标项数要求	控制项必须满足	控制项必须满足,基本项强制,并增设全装修、建筑能耗要求,住宅建筑、室内空气污染物浓

五、基于全生命周期的节能建筑路径

建筑全生命周期有三个阶段会产生能耗,分别是建筑建造阶段、建筑运行阶段和建筑拆除阶段。其中,建筑建造阶段的能耗主要产生于建筑材料的开采、生产、运输环节,建筑构件生产环节,以及建筑施工过程中消耗的各种资源;建筑运行阶段的能耗主要产生于供暖、制冷、通风、空调和照明等用于维护建筑环境的设备与系统用能,建筑内活动,包括办公、炊事等用能;建筑拆除阶段的能耗主要产生于拆除机械运作产生的能耗,拆除后物料运输产生的能耗,以及材料回收处理产生的能耗等。下面分阶段对建筑低碳化技术与方法进行探索。

(一)建筑建造阶段

在建筑建造阶段,碳排放主要源于建材生产和现场施工。在建筑全生命周期的碳排放中,这个阶段产生的碳排放占比接近30%。在建筑建造阶段,建筑材料的用量增加、施工过程中的机械化程度提高、建筑质量或标准提高导致单位建造成本提高等,都会导致这一阶段的碳排放增加。相反,施工机械的能效提高、能源使用强度降低、能源结构优化等,都会导致这一阶段的碳排放减少。因此,建筑建造阶段的碳减排可以从以下三个方面切入。

1.建筑材料减碳

通过使用可回收、可再生的材料或者复合纤维材料实现碳减排,前者如木材,后者如利用植物纤维制造的具有高阻燃性和高强度的建筑材料。另外,建筑企业还可以对既有材料进行回收再利用,这里的"既有材料"可以参考"城市矿产"这一概念。

城市矿产指的是废旧机电设备、电线电缆、通信工具、汽车、家电、电子产品、金属和塑料包装物以及废料中潜藏的可以循环利用的钢铁、有色金属、贵金属、塑料、橡胶等资源。通过对这些资源进行回收再利用,不仅可以缓解资源短缺问题,而且可以减轻环境污染,发展循环经济。同时,建筑行业还可以利用再生混凝土、再生砖、再生玻璃、再生沥青等再生材料减少碳排放。

2.结构工程减碳

结构工程实现碳减排的措施有三种,具体如表8-3所示。

表8-3 结构工程实现碳减排的措施

序号	具体措施
1	通过优化结构设计提高结构韧性,延长结构的使用寿命,从而降低碳排放
2	通过简化结构减少建筑材料的用量,从而降低碳排放
3	通过构件再利用技术减少碳排放,例如对连接件、节点等进行再利用

3.建造过程减碳

建造过程实现碳减排的方法如表8-4所示。

表8-4 建造过程实现碳减排的方法

序号	具体方法
1	采用低碳工艺与绿色建造体系
2	减少建筑垃圾的产生,对建筑垃圾进行再利用
3	采用新型节能装备和工艺
4	执行绿色施工标准
5	推广装配式建筑

(二)建筑运行阶段

建筑运行阶段指的是建筑使用阶段,倾向于使用能耗更少的节能设备或者建筑技术,实现建筑运行阶段的碳减排。建筑运行过程消耗的能量根据建筑系统而变化,建筑使用过程就是消耗能量的过程。根据 WBCSD（World Business Council for Sustainable Development,世界可持续发展工商理事会）报告,建筑物消耗的能源中有88%是在使用和维护过程中消耗的。为了提高建筑运行过程中的能源利用效率,在建筑设计阶段可以采取的措施如表8-5所示。

表8－5　建筑设计阶段的碳减排措施

减排措施	具体内容
支持多用途改进	可持续发展理念主张将房屋与交易区域、办公室和零售区域结合起来,让人们有机会在他们工作和购物的地方居住,这使得社区的形成不同于传统社区,24小时的活动潜力也极大地提高了安全性
将设计与公共交通相结合	以支持公共交通为前提设计可持续建筑。在日常生活中,成千上万的车辆进出会造成空气污染和交通阻塞,并且需要大量停车位
使用节能灯泡和节能设备	例如发光二极管(LED)是目前最节能、发展最快的照明技术之一,使用LED取代传统灯具,可以更好地达到节能目的
照明控制	照明要求针对建筑设计。白天,建筑对照明的需求主要取决于窗户的大小、窗户的位置以及建筑物的位置。节能建筑通过自动控制来减少照明需求,自动控制则取决于建筑物窗户的方向、日光的供应以及房间的使用

(三)建筑拆除阶段

目前,关于建筑碳中和的研究大多集中在建筑运行阶段,对建筑拆除阶段的研究比较少。建筑拆除阶段实现碳中和的逻辑主要是对建筑拆除后的资源进行回收利用,减少资源浪费,进而减少碳排放。

为了实现碳达峰与碳中和的目标,我国出台了很多政策,给建筑行业带来了较大的挑战。政府出台的政策都比较宏观,想要实现这些宏观目标,建筑企业还需要从自身出发,从微观做起。具体来看,建筑企业要实现碳中和,需要在建筑拆除阶段做好几点,如表8－6所示。

表8－6　建筑拆除阶段的碳中和举措

序号	具体举措
1	推动老旧小区改造,以修代建,防止大拆大建
2	制定清晰的碳中和路径,推动整个建筑行业有序实现碳中和目标
3	控制建筑规模,积极推进建筑电气化,转变建筑行业的发展模式,从粗放式发展转向集约式发展

序号	具体举措
4	建筑行业想要实现碳中和,必须使规划、设计、施工、运行、拆除等环节相互协作、共同推进

第二节　智能建筑:绿色建筑节能设备与技术

一、空调系统的制冷主机设备

建筑行业可以使用高效设备,辅之以智能化管理手段,通过加强设备的运行管理来提高能源使用效率。一般来说,建筑行业可以使用的高效设备包括空调制冷主机、高效水泵风机、节能电机、高效制冷机房、能源管控平台等。

下面我们首先分析制冷主机技术。在空调系统中,制冷主机的能耗极高。为了降低制冷主机的能耗,各主机厂家在机组研发方面投入了大量人力物力。目前,制冷主机的创新研究取得了以下三大成果:第一,磁悬浮离心式机组,这类产品呈现出爆发式增长之势,产品线不断丰富,冷量范围与使用场景不断拓展;第二,螺杆机组应用温区及应用场景不断拓展;第三,吸收式热泵成为"大温差"供暖的核心技术,吸收式制冷技术亟待突破。

(一)磁悬浮离心式机组

磁悬浮压缩机的普及应用促使磁悬浮离心式机组实现了爆发式增长,代表厂商包括麦克维尔、格力、海尔等,其优点如表8-7所示。

表8-7　磁悬浮离心式机组的优点

优点	具体表现
节能高效, 运行费用低	磁悬浮离心式机组采用磁悬浮压缩机、直流变频控制、无油润滑等先进技术,极大地提高了产品的能效比。在部分负荷运行条件下,磁悬浮离心式机组运行的能效比(COP)能够达到12,相较于常规冷水机组来说,可以节省近一半的电能

续表

优点	具体表现
稳定耐用，维保费用低	磁悬浮离心式机组采用无油运转技术，运作过程中不会产生摩擦，相较于常规轴承来说更耐用。从摩擦损失看，磁悬浮轴承的摩擦损失只有传统离心式轴承的 2%，磁悬浮空调的寿命可以达到 30 年。因为采用无油运转技术，基本消除了油路系统、油泵等零部件故障，将机组的可靠性提高了 30%～50%，降低了检修成本。磁悬浮离心式机组的主机不需要每年清洗，只需要简单处理蒸发、冷凝器的水垢即可，清洗费用较低、操作简单，极大地提高了机组清洗效率
安装简单，施工费用低	磁悬浮离心式机组不需要软启动器，不仅节省了软启动设备，而且消除了对电网的冲击。因为机组震动较小，所以只需要设置简单的减震装置，按要求增加橡胶垫或减震器即可
负荷智能调节，高效舒适	在磁悬浮变频压缩机的支持下，磁悬浮离心式机组可以实现 10%～100% 负荷连续智能调节，将出水温度变化控制在 0.1℃ 以内，保持温度变动平稳，提高舒适性
震动小，启动电流小	在磁悬浮的作用下，运动部件完全悬浮，在运行过程中不会产生机械摩擦，再加上气垫阻隔震动，所以不会产生太大的噪声与震动，压缩机噪声一般不会超过 70db(A)。常规制冷机组的压缩机启动时会产生高冲击电波，一般会达到 400～600A，导致电网不稳定，而磁悬浮机组采用变频启动的方式，启动电流只有 2A，不会对电网造成较大冲击，在设计电网时不需要进行专门防护
绿色环保	磁悬浮离心式机组使用 R134a(1,1,1,2－四氟乙烷)，不会对臭氧层造成伤害，满足绿色环保要求
效率稳定	常规的大螺杆式机组系统即便每年清洗，也会有润滑油残留，最高会导致 25% 的能效损失，运行年限越长，运行效率下降越明显。磁悬浮机组采用无油运转技术，不会产生润滑油残留，即便运行年限增加，运行效率也不会因为润滑油残留而下降

（二）气体轴承离心式机组

气体轴承离心式压缩机与磁悬浮离心式机组一样，都采用了"无油"润滑轴承，两者之间的不同之处在于，气体轴承离心式压缩机不需要复杂的传感器及控制系统,成本更低,维护起来更简单,适合小冷量机组使用,代表厂家包括美的、LG、顿汉布什、纳森等。

其中,顿汉布什研发了一款气体轴承离心式冷水机组,使用R134a,制冷量为300RT,COP能够达到6.3,IPLV(Integrated Part Load Value,综合部分负荷性能系数)能够达到12.2。LG研发的气体轴承离心式冷水机组的制冷量为150RT。

二、水泵风机高效节能系统

在全球电力能耗中,水泵能耗占比大约为10%。如果使用高效水泵,全世界可以节省大约4%的电能。目前,水泵节能最常用的方式是使用高效水泵风机,节能方式主要有三种:一是设备节能,二是提高水泵风机的系统效率实现节能,三是在水泵风机运行过程中实现节能。具体如表8-8所示。

表8-8　水泵节能的三种方式

节能方式	主要应用
水泵风机设备节能	企业在设计、生产水泵风机时要执行更高的标准,最大限度提高水泵的使用效率,减少水力损失,达到节能目的
提高水泵风机系统效率	从节能角度对水泵风机系统进行设计,让系统各部件的匹配效果达到最佳,从而提升水泵风机系统的使用效率,延长水泵风机的使用寿命
水泵风机运行过程中的节能	通过变速调节在水泵风机运行过程中实现节能。变速调节直接通过水泵转速的变化来改变水泵的性能,不会产生功率损耗。实现方式有很多,包括通过齿轮变速箱、皮带传动、变频、电动机等实现

在上述节能方式中,变频调速是最理想的方式,其优点在于效率高、无级调速、调速范围广,缺点在于需要投入较多资金。

三、节能减排电机的选择

电机是生产系统必备的零部件,电机耗能大的四大原因如表8-9所示。

表 8－9　电机耗能大的四大原因

原因	具体分析
电机负载率低	电机选择不当,富余量过大或者生产工艺发生变化,导致电机的实际工作负荷比额定负荷小,最终导致电机的运行效率过低
电源电压不对称或者电压过低	三相四线制低压供电系统的单相负荷不平衡,导致电机的三相电压不对称,电机产生负序转矩,使得电机三相电压不对称问题进一步严重,电机运行损耗增加。再加上电网电压长期偏低,导致电机电流偏大,增加电机损耗。三相电压越不对称,电压越低,损耗越大
老、旧型电机没有及时淘汰	老、旧电机指的是使用 E 级绝缘的电机,电机体积较大,启动性能较差,运作效率较低,几经改造仍在使用,导致损耗较大
维修管理不善	有些企业没有按要求及时对电机进行维修保养,导致电机损耗越来越大

针对上述问题,相关企业可以采取以下措施提高电机运行效率,达到节能目的。

1.选用节能型电机

与普通电机相比,节能型电机选用高质量的铜绕组和硅钢片,整体设计更加合理,运行损耗可以下降 20%～30%,运行效率可以提高 2%～7%,投资回收期相对较短,一般为 1～2 年,有的只需要几个月。因此,为了提高电机运行效率、降低能耗,用节能型电机取代传统电机是必然趋势。

2.适当选择电机容量

我国对三相异步电动机的三个运行区域做了规定:一是经济运行区,负载率为 70%～100%;二是一般运行区,负载率为 40%～70%;三是非经济运行区,负载率不超过 40%。电机容量选择不当就会造成电能浪费。因此,为了减少损耗,企业要选择合适的电机,提高功率因数与负载率。

3.电机的功率因数无功补偿

无功补偿的主要目的在于提高功率因数、减少功率损耗。功率因数＝有功功率/视在功率。如果功率因数较低,就会导致电流过大。假设负荷与电压稳定,功率因数越低,电流就越大。因此,为了节约电能,要尽量提高功率因数。

4.变频调速

企业在选择风机水泵类负载时一般会考虑满负荷工作需用量,但在实际工作情景中,大多数电机不会处于满负荷工作状态。交流电机调速比较困难,调节风量或流量最常用的方法就是使用挡风板、回流阀或者调整开关机时间。同时,在工频状态下,大型交流电机的开、停都比较困难,电能损耗比较大,会对电网造成较大的冲击。

而采用变频器直接控制风机、泵类负载,当电机转速稳定在额定转速的80%时,节能效率就能达到40%,同时可以实现闭环恒压控制,大幅提高电机的节能效率。在变频器的控制下,大型电机可以实现软停、软起,不会对电网造成较大冲击,从而减少了电机故障的发生率,延长了电机的使用寿命,降低了对电网的容量要求。

四、中央空调高效制冷机房

在公共建筑产生的能耗中,中央空调的能耗大约占到了40%,由此可见,降低空调能耗对于建筑节能来说至关重要。在中央空调节能方面,引入高效制冷机房是一条非常有效的途径。2018年,广东省颁发了国内第一部制冷机房能效评价标准——《集中空调制冷机房系统能效检测及评价标准》,将能效1级以上的称为高效机房,将能效6级以上的称为超高效机房。

近年来,在国内的中央空调市场上,受各种因素的影响,高效制冷机房的发展面临着许多困难,如图8—8所示。

没有完善的系统规划与设计,没有根据实际需求选择设备,导致设备在运行过程中产生了较高的能耗。

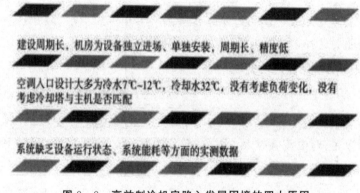

建设周期长,机房为设备独立进场、单独安装,周期长、精度低

空调入口设计大多为冷水7℃~12℃,冷却水32℃,没有考虑负荷变化,没有考虑冷却塔与主机是否匹配

系统缺乏设备运行状态、系统能耗等方面的实测数据

图8—8 高效制冷机房陷入发展困境的四大原因

为了解决上述问题,企业可以采取一些措施将高效制冷机房的优点真实地展现出来,这个过程可能涵盖产品设计与研发、系统集成、施工及后期运维等阶段。因此,制造企业要根据工程的全生命周期对制冷机房进行设计、施工、调试与运行管理,让制冷机房的动态性能达到最佳,弱化对运行人员的依赖,创建一套智慧化运行管控系统。除此之外,制造企业还可以面向不同的应用场景和需求研发空调主机、水泵、换热器、阀门等高效设备,推动制冷业从"制造"升级为"智造"。

高效制冷机房的初期投资成本较高,后期经济回报周期长短不一,再加上需要长期管理与维护,投资方综合考虑各种因素可能决定投资,也可能决定不投资,因此项目能否落地在很大程度上取决于投资方的最终决策。另外,高效制冷机房对建筑规模也有一定的要求,要求建筑体量超过 60000 平方米甚至更大,只有这样才能将高效机房的节能效果体现出来。

综上所述,高效制冷机房可以有效降低中央空调的能耗,但在推广应用的过程中面临着很多挑战,具体包括:没有完善的标准,无法对能效进行合理测量,需要安装公司配合才能保证项目落地,需要开展经济性测算,全生命周期的概念亟待普及等。

五、区域供冷系统及其优缺点

区域供冷系统是在能源短缺、科技进步、城市化发展的背景下诞生的,属于城市或区域能源规划及分布式能源站的一个组成部分,发展到今天已有 60 多年。从技术层面看,区域供冷系统一般由区域供冷站、输送管网、用户入口装置三部分构成,供冷站集中制备冷水,然后通过区域管网将冷水输送到某个特定区域内的多个建筑物中,满足这些建筑物对空调冷源的要求。区域供冷系统由一个或者多个供冷站组成,是区域能源系统的重要组成部分,可以与分布式能源站、热电厂、城市燃气系统及其他余热利用等相结合,共同组成能源梯级利用系统。

根据《民用建筑采暖通风与空气调节设计规范》的相关规定,区域供冷系统的适用区域包括城市中心商业区、高科技产业园区、大学校园、大型交通枢纽、大型物流仓储中心和工业企业、新开发的高档住宅小区、为改善街区环境必须进行空调设施改造的区域等。在气候炎热的夏天,如果某区域公共建筑的密度很大,就可以采用区域供冷系统降低建筑运行成本。

目前,我国的上海虹桥商务核心区区域集中供冷项目、武汉光谷软件园集中供冷项目、珠海横琴岛多联供燃气能源站项目等区域供冷项目都已经成功落地,但人们对区域供冷系统有褒有贬,评价不一。对区域供冷系统的优缺点进行具体分析,结果如表 8—10 所示。

表 8—10　区域供冷系统的优缺点

优点	区域供冷系统可以整合区域的能源系统,扩大公共服务供给
	相较于分散式供冷来说,区域供冷系统的设计更先进,设备更完善,安装、调试、运营管理等更成熟
	区域供冷系统可以减少 20%～25%的装机容量和配电容量,虽然增加了管网投资,但整体来看投资额有所减少
	区域供冷系统可以节省 10%～20%的建筑面积,占地面积较小
缺点	区域供冷要计算人力成本、设备折旧、资金成本、税金和合理利润,导致价格过高,超过了 0.7 元/千瓦时
	相较于分散供冷来说,区域供冷在输送过程中会产生一定的损耗,导致整体能效降低 10%左右
	经营难度大,冷负荷发展周期具有很大的不确定性,"达产"时间比较长,资金回笼比较慢

对区域供冷系统的优缺点进行综合考虑可以得出如下结论:经济发达、土地资源短缺、供冷时间较长的华南地区不适合采用区域供冷。因此,区域供冷想要获得更好的发展,必须选择合适的应用场景,做好规划设计与运维管理。

六、建筑新能源技术与管控平台

根据《工业企业能源管控中心建设指南》的要求,能源管控中心要利用自动化、信息化、智能化技术,对能源购入存储、加工转换、输送分配、终端使用等环节进行数字化管理与动态监控,对能效进行分析、管理与考核,创建企业节能降耗管控一体化系统,并安排专业人员进行管理。

能源管控平台的主要功能是对用户端能源进行管理分析,对水、气、煤、油、热(冷)量等能源进行集中采集与分析,对用户端能耗进行细分,将各类能源的使用情况以数据或图表的形式呈现出来,以便管理人员及时发现能耗较高的部分或者不合理的能耗习惯,为节能改造、设备升级提供足够的依据。

2011年至今,我国发电量始终高居世界第一,而且在全球发电总量中所占比重越来越大。根据全国能源信息平台在2021年2月发布的数据,2020年全年我国发电量为7.42万亿千瓦时,具体构成如图8-9所示。

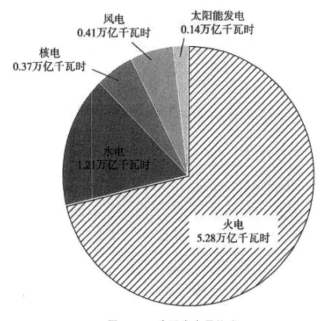

图8-9　我国发电量构成

根据国家统计局发布的数据,截至2020年底,我国发电装机容量为220058万千瓦,同比增长9.5%,具体构成如图8-10所示。

在上述几种类型的电力中,风力发电与太阳能发电的装机容量增长速度最快,其中风力发电同比增长34.6%,太阳能发电同比增长24.1%,将火电的装机容量增加量占比成功降至50%以下。

为了实现碳达峰、碳中和目标,新能源装机容量的增长速度持续加快。各大电力企业发布的"十四五"期间新能源装机计划和占比目标如表8-11所示。

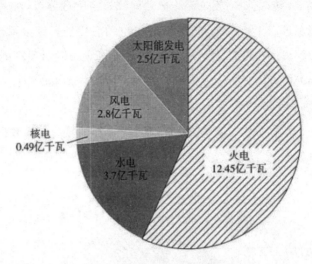

图 8—10　我国发电装机容量的构成

表 8—11　"十四五"期间新能源装机计划和占比目标

集团名称	"十四五"期间新增清洁能源装机规模	2025 年清洁能源装机占比（%）
国家能源	12000 万千瓦时	40
华能集团	8000 万千瓦时以上	50
国家电投	4000 万千瓦时以上	60
华电集团	7500 万千瓦时	60
大唐集团	4000 万千瓦时以上	50
三峡集团	7500 万千瓦时	—
华润电力	4000 万千瓦时	50
中国广核	2000 万千瓦时	—
国投电力	2000 万千瓦时	—

　　新能源装机容量与发电量持续增加，对碳达峰、碳中和的实现产生了积极的推动作用。利用可再生能源替代化石能源，减少建筑的碳排放，具体措施包括电网电力的清洁化、建筑本体清洁能源的自生产。具体包括以下几点。

（一）光伏建筑一体化

　　根据《民用建筑太阳能光伏系统应用技术规范》（JGJ203－2010）的定义，光伏建筑一体化（Building Integrated Photovoltaic，BIPV）指的是"在建筑上安装光伏系统,并通过专门设计,实现光伏系统与建筑的良好结合"。同时还引申出"建材型光伏构件",对其定义是"太阳电池与建筑材料复合在一起,成为不可分割的建筑材料或建筑构件"。也就是说,光伏建筑一体化使用的建材型光伏构件必须具备普通构件的功能与特性。建筑项目只有合理使用建材型光伏构件才能称为 BIPV 项目。

随着 BIPV 行业不断发展,相关科技不断迭代,市场上出现了各种各样的建材型光伏构件。在实际应用的过程中,这些构件不仅发挥着建材应有的功能,而且为建筑美学设计赋予了不同的内涵。一般情况下,建材型光伏构件主要应用于建筑的立面、屋面、外遮阳、雨棚、外窗以及停车棚、车库入口等附属设施。

为了实现碳达峰、碳中和目标,建筑行业会不断升级"光伏＋"概念,光伏建筑一体化这一概念将在很长一段时间内保持热度。近几年,BIPV 市场吸引了隆基、英利、晶科、东方日升、中信博、秀强股份、金晶科技等光伏企业相继进入,这些企业通过跨界收购、加大投资、积极研发,开发出很多 BIPV 领域的应用产品,促使 BIPV 实现产业化发展。

据统计,中国现有建筑面积 600 亿平方米,大约有 1/6 可以安装 BIPV 产品,装机容量大约 1500 吉瓦。同时,我国每年新增建筑面积大约 20 亿平方米,可以安装 BIPV 产品 15 吉瓦以上。可见,在我国建筑领域,BIPV 拥有广阔的发展空间。正是基于这一点,BIPV 才吸引了大量企业前来布局。

目前,BIPV 正处于技术推广阶段,还没有实现规模化应用。为了推动BIPV 行业健康有序发展,首先要围绕 BIPV 行业编制标准体系,覆盖建筑设计、建筑建造、建筑验收整个过程;其次要搭建产业对接平台,促使光伏与建筑实现深度融合;最后要在全社会范围内开展光伏建筑一体化推广计划,扩大BIPV 的应用范围。

（二）其他新能源

目前,风能、太阳能、潮汐能、地热能、水能、核能、生物乙醇、工业余热、生物质能、沼气、垃圾填埋气等新能源已经具备落地应用的条件,除此之外,还有一些目前停留在概念层面、未来必将落地应用的技术,包括微生物电池等。随着技术的不断发展,新能源的类型将越来越多,应用范围、应用空间也将越来越广。

（三）碳捕捉

碳捕捉就是将大气中的二氧化碳捕捉压缩到枯竭的油田、天然气或其他安全的地下场所。碳捕捉常用的分离技术有三种，分别是物理吸收法、化学吸收法和膜分离法。

物理吸收法指的是对化石燃料燃烧后产生的气体进行收集，然后利用溶剂萃取废气中的二氧化碳，进行降温处理，获得固态的二氧化碳。化学吸收法指的是利用二氧化碳溶于水形成酸的特性，在烟道内安装脱碳吸附装置，利用化学吸收剂吸收废气中的二氧化碳。膜分离法是基于膜选择性渗透的特点，利用压差让二氧化碳穿过薄膜，从而获得高纯度的二氧化碳。

传统的碳捕捉和封存装置一般安装在烟气排放处，在二氧化碳排入大气之前将其吸收处理。这种方法虽然使用了很长时间，但购买成本、运营成本都比较高，而且无法 100% 捕获二氧化碳。对于建筑企业来说，安装这类设备不会获得任何收益，而且面临着一定的技术瓶颈，导致这类设备迟迟没有实现普及应用。为了鼓励建筑企业安装碳捕捉装置，相关部门可以出台一些政策。

第九章　推进碳中和——新型农业

坚持绿色发展理念,推进生态文明,实现可持续发展,是我国经济社会发展的主旋律。《中华人民共和国国民经济和社会发展第十四个五年规划和2035年远景目标纲要》明确把广泛形成绿色生产生活方式,碳排放达峰后稳中有降,生态环境根本好转作为2035年远景目标,并把生产生活方式绿色转型作为"十四五"时期生态文明建设实现新进步的具体目标任务。中国是传统的农业大国,农业规模大,农业长期在国民经济中稳定发挥着压舱石作用。碳达峰、碳中和背景下推进农业领域减排固碳,增强农业在碳汇发展方面的能力,对我国经济社会发展,实现全面绿色低碳的高质量转型将产生深远影响。

第一节　绿色农业:农业供给侧改革的原动力

一、构建绿色生态农业发展体系

我国农业发展几经变革,绿色农业应该是一场重大革命。在以习近平同志为核心的党中央的不懈努力下,我国绿色农业实现了良好的发展。根据《中国农业绿色发展报告2019》,从2012年到2018年,我国农业绿色发展指数从73.46提升到了76.12,资源节约、环境安全、绿色产品供给等方面都有不同程度的改善,为生态文明建设提供了强有力的支持。

"民以食为天",食品安全是关系人民群众生命健康的重要问题。特别是在消费升级背景下,我国民众对食品的诉求从以往的"吃得饱""吃得好"转变为"吃得安全、健康、生态",无毒、无残留、无公害等绿色安全农产品的消费需求呈现爆发式增长。

消费市场需求的转变推动了农产品供给结构的调整与变革,要求农业发展从"生产导向型"转向"消费导向型",不断增加安全、绿色、生态、有机农产品的有效供给,满足居民日益增长的高品质、安全、绿色农产品需要;同时要加快建立健全农产品标准化生产、农产品安全检测、品牌农产品质量认证和农业标准化推广体系,保障居民"舌尖上的安全"。

发展绿色农业,增加绿色农产品供给,首先要改变农业生产方式,从传统粗放型生产转向绿色、清洁生产,逐步改变农业施肥方式,制定和执行更严格的化肥农药行业管理标准,大力推广有机肥,增强农业病虫害预防治理能力,实现绿色防控、绿色生产。

同时,面对日益严峻的农业环境问题,要加大力度集中治理,深入实施土壤污染防护与治理行动,持续推进耕地、草原、河流湖泊等生态系统修复和综合治理工作,实现农业生产效益与社会效益、生态效益的平衡,"既要金山银山,也要绿水青山",构建绿色农业发展模式,实现农业可持续发展。

农业供给侧结构性改革的最终目标是实现农业现代化,提高农业的可持续发展和整体竞争力,其中的关键是大力推进涉农科技创新,构建以科技和创新为主要驱动力的农业发展模式。因此,我国必须加快深化农业科研创新机制改革,有效解决农业科研与农业生产"两张皮"的问题,真正发挥农业科研在农业供给侧结构性改革中的引领和支撑作用。

具体来看,增强农业科技支撑需要从以下几点发力,如表9—1所示。

表 9—1 增强农业科技支撑的四大策略

序号	策略
1	加快推进重大涉农科研课题攻关,建立健全农业科技创新激励机制,推动国家农业科技创新联盟和区域农业技术研发中心建设,着力培育扶持一批农业资源开放共享与服务平台,不断提升涉农服务水平
2	从新时代农村产业发展和农业现代化建设的需求出发,调整农业科研方向和内容,使农业科技创新真正服务于农业发展,拓展农业科研的广度和深度,加大智慧农业、数字农业、精准农业、产品深加工、冷链物流等方面的科技创新力度

序号	策略
3	加快"互联网＋农业"发展战略的落地,借助农村电商、农业大数据等信息化技术重构传统农业生产方式和产业运营模式,推动农业产业互联网转型,增强我国农业的竞争力和创新力,补齐农业现代化的短板
4	加快打通农业科研与农业生产之间的"最后一公里",让"高大上"的农业科研更贴近农业生产实际,将科技创新成果真正运用到农业发展的实践中

为此,我国要深化基层农业技术推广体系变革,创新优化农业技术推广服务方式,实行政府购买服务和项目管理制,吸引整合全社会的力量参与农业科技创新和应用推广;同时还要加快培育具备市场运营和农业技术能力的新型职业农民,让涉农科技创新成果能被农民所用,真正将其转化为农业生产力和农民收益。

二、农业供给侧结构性改革的五大着力点

农业供给侧结构性改革是我国供给侧结构性改革的重要内容,是经济新常态下促进农业发展、农民增收、农村繁荣的重要战略。下面从农业生产基本公共服务的视角切入,探讨推进农业供给侧结构性改革的几个着力点。

(一)调结构、提品质,解决农业生产低质低效的问题

随着农业生产力水平不断提高,我国农产品产量持续增加。但在消费升级的大背景下,消费者对农产品的质量要求不断提高,导致我国农产品市场呈现出低质农产品产能过剩、高品质农产品供不应求的现象,农产品供给的结构性矛盾日益凸显。

同时,在经济新常态下,我国农业生产还面临着农产品价格遭遇"天花板"、生产成本持续攀升、资源环境压力日益增大等诸多挑战。小麦、玉米、棉花、大豆等部分农产品严重依赖国际市场,国内均价比国际价格高出20%～100%,在国际农产品市场中处于竞争弱势。此外,为了维持农业生产的积极性,我国托市收购的农产品的库存水平持续保持在高位,导致国内农产品市场呈现出生产量、进口量、库存量"三量齐增"的不良局面。

因此,加快推进农业供给侧结构性改革,优化农产品结构、提高农产品质量、增加农产品有效供给,实现农产品市场供需平衡,提高能源资源利用率已经成为新常态下我国农业产业可持续发展的主要内容和必然要求。

简单来看,我国要通过农业供给侧结构性改革,逐步实现农业生产"从量到质"的转型升级,调结构、提品质,解决农业生产的低质低效问题,增加绿色、有机、安全农产品的有效供给,构建我国农产品在国际市场中的核心竞争力。

(二)通信息、重引导,解决农业信息化服务体系滞后的问题

当前,信息化服务缺位已经成为我国农业现代化发展的一大瓶颈,对农业发展造成了严重影响,导致农产品丰产不丰收,挫伤了农民的生产积极性和消费者对国内农产品消费的信心,进而对总体经济发展、社会稳定和国家安全造成了不利影响。因此,深化农业供给侧结构性改革,要不断提高农业信息化水平,解决农业信息化服务体系滞后的问题;要加快建立完善农业信息监测预警机制,解决农业信息不透明、流通不畅、采集不规范、缺乏权威发布等痛点;要大力推进农业信息化服务体系建设,加强相关制度规范和政策引导,鼓励、培育、扶持新型农业社会化信息服务机构;要不断优化以政府为主导的公益性农业服务,利用信息化服务实现农业生产的降本、增效、提质。

(三)促融合、挖潜力,解决农业发展方式单一的问题

我国农业发展仍处于从传统到现代的转型升级阶段,自动化、智能化、信息化的现代农业产业体系尚未建立,农业基础设施依然薄弱,产业发展滞后,缺乏核心竞争力,农业产业化、市场化和集约化水平较低的状况并未得到明显改善,农业发展采取的仍然是资源投入、损害环境、片面追求产量和速度的粗放型方式,对自然和市场风险的抵抗力弱、农业面源污染和食品安全问题频发,尚未建立起技术与创新驱动的可持续发展模式。

农业供给侧结构性改革并不只是农业自身的事情,要将其放到整个社会经济发展结构优化升级的框架下,将农业现代化建设与新型工业化和城镇化建设统筹规划,让二者实现协同发展,改变农业产业"单兵推进"的运营思维和模式,促使新型工业化和城镇化实现有机融合,挖掘农业的多种功能,拓展农业的广

度与深度,为农业现代化发展提供更广阔的想象空间。

(四)补短板、优环境,解决农业绿色发展和安全发展的问题

"绿色发展"和"安全发展"是我国农业现代化建设的两大痛点。由于传统农业发展过于追求产量和速度,再加上粗放型的发展模式,我国土壤肥力和地下淡水资源消耗过度,化肥农药和饲料添加剂等普遍滥用,造成土壤板结、地力下降、环境污染、食品安全等众多不利于农业可持续发展的问题。

为此,我国政府提出要加快建立健全"从农田到餐桌"全流程可追溯的农产品质量和食品安全监管体系,"加强产地环境保护和源头治理,实行严格的农业投入品管理";强化农业与食品药品部门的一体化对接,协同构建从生产到消费全流程信息互联共享的可视化监管机制,完善农产品风险监测评估与检验检测体系,打造绿色农业、安全农业。

(五)抓管理、促效益,解决农业管理与考核机制滞后的问题

农业管理与考核机制滞后也是我国农业现代化面临的一大瓶颈:重农业产出数量、忽视质量,重种植养殖等生产环节、忽视产品营销,绩效考核关注规模、忽略效益。

不合理的管理与考核机制导致我国农业生产投入成本高但整体产出效益低,特别是在农业规模化经营日益兴起的经济新常态背景下,这一问题更加凸显——过高的生产成本导致家庭农场、种植大户、农民合作社等众多新型农业经营主体面临日益严峻的"规模大、效益低"的困境,具备现代管理与技术能力的职业化新农民成为农业现代化面临的人才瓶颈。

为此,农业供给侧结构性改革必须加快重塑农业管理与考核机制,提升农业经营效益;要大力培育既懂市场运营又懂农业生产的新型农民,利用合同制、合作制、股份合作制等现代经济关系重构农业产业链,实现农产品生产、加工、销售、管理等各环节的一体化对接,将新型职业农民、涉农企业和农产品市场紧密联系起来,增强农业有效供给能力。

同时,还要加快建立科学合理的农业考核评价机制,注重考核因素的多样性,在追求速度与数量的同时,充分考虑农业产出成本、资源消耗、环境污染等

问题,从经济、社会和生态多个角度综合评价农业发展效益,推动我国农业走高效、绿色、安全的可持续发展道路。

三、深化农村土地管理改革

推进农业供给侧结构性改革,还要深化农村土地管理改革,特别是要加快完善农村土地产权制度,为农业产业化、信息化、现代化发展提供有力支撑。

简单来看,改革前,我国农村集体土地的所有权与经营权合一,实行家庭联产承包责任制,土地所有权归集体所有,农户享有土地承包经营权。土地产权制度改革的主要方向则是保持集体所有权不变,将土地的承包经营权进一步细分为承包权与经营权,实现农村土地的"'三权'分置","三权"即集体所有权、农户承包权和土地经营权。

"'三权'分置"的农村土地管理改革是在农业人口大量流向第二产业和第三产业、社会老龄化水平不断提高的背景下,优化农业资源配置、提高土地利用率、构建农业适度规模经营的现代农业发展模式的必然选择,有助于解决我国传统农业经营规模小、竞争力弱、产业化和现代化水平低等发展痛点。

在保障农民土地承包权益的基础上将土地经营权分离出来,有利于促进土地这一农业生产要素自由流动,实现土地资源的更优化配置和更高效利用,为新型农业经营主体发展适度规模经营提供有力支撑。

培育新型农业经营主体,发展农业适度规模经营,有利于解决供需结构失衡、资源错配、生态环境恶化、农业竞争力不足等农业发展的结构性矛盾,深化农业供给侧结构性改革,同时也有助于构建科技与创新驱动的现代农业发展模式,提升我国农业产业链的整体竞争力和可持续发展能力。

四、创新农村金融服务管理模式

金融是现代经济发展的核心,推进农业供给侧结构性改革同样需要创新农村金融服务。一方面,随着新型城镇化建设和城乡一体化发展不断推进,农村地区对金融产品和服务的需求不断增多,且日益多元化;另一方面,我国农村金融服务体系严重滞后,远远无法满足农民日益增长的金融需求,"三农"发展一直面临着融资难、金融产品和服务的获取成本高等痛点。

因此,我国必须创新农村金融服务。一方面要强化政策性金融保障,有效降低"三农"融资成本;另一方面要大力发展互联网金融、普惠金融等更多创新型的金融服务模式,满足新型农业经营主体的多元化金融需求。具体来看就是要做到以下三点。

深入探索承包土地的经营权和农民住房财产权抵押贷款的金融服务模式,通过盘活"两权"抵押为农村金融创新带来更大的想象空间;加快发展大型农机具、农业生产设施抵押贷款业务,尽快完成农村各类资源资产的权属认定,通过部门确权信息与银行等金融机构的联网共享,为农村金融服务创新提供支持。

不断深化涉农保险改革,扩大农业保险保障覆盖面,在开办险种上从大宗农作物保险向特色险种和商业险种升级,推动农业保险从保物化成本向保完全成本转型升级;在风险责任上从保单一风险向综合保险全面升级,充分满足新型农业经营主体和农业适度规模化经营对保险产品与服务的多元化需求。加快建立健全农业经营保险体系,通过完善的涉农保险制度解决农业发展的后顾之忧,加快农业改革步伐。

加强政策引导,通过增加涉农财政资金投入吸引更多社会资本流向"三农"领域。例如,探索政府与社会资本的合作模式、加快建立农业金融服务担保机制和风险补偿基金、推行以奖代补和贴息政策、鼓励各类涉农投资基金建立发展、推动地方政府债券大力向农村基础设施建设领域倾斜。

作为一个农业大国,"三农"问题直接关系到我国全面建成小康社会、"两个一百年"奋斗目标和中华民族伟大复兴的中国梦的宏伟目标的实现。推进农业供给侧结构性改革,必须在确保国家粮食安全、农民增收和农村稳定的基础上,加快农业品牌建设、大力发展绿色农业、增强农业科技支撑、改革农村土地管理制度、创新农村金融服务,优化我国农业整体供给质量和效率,增强农业可持续发展能力和国际竞争力,实现农业现代化。

第二节　数字赋能:农产品电商重塑传统农业

一、电商驱动农业数字化转型

随着互联网的迅猛发展,电子商务迎来黄金发展期,其中 B2C 电商模式受到了广大创业者及企业的青睐。解决农产品上行问题一直是社会各界关注的焦点,B2C 电商模式为解决这一问题提供了新思路。但基于农产品本身的特性,农产品电商模式在探索过程中会遇到一系列问题。

(一)农产品电商:农业转型的重要路径

在过去的十几年间,电商成为推动我国经济发展的重要驱动力,电商及其配套产业创造了大量的就业岗位。阿里巴巴、京东、拼多多等电商平台展现出了强大的活力,部分入驻商家在红利期获得了相当可观的利润回报。随着生活及工作压力越来越大,人们外出购物的时间越来越少,送货上门的网络购物受到了广大消费者尤其是"80 后"及"90 后"等年轻群体的青睐,为 B2C 电商模式在国内的推广普及提供了强有力的支撑。

蔬菜、蛋类、肉类、水果等农产品作为刚需产品,需求量大、消费频率高。与电商平台中的服饰、家电、家居等产品相比,农产品消费更稳定,受经济波动影响较小。而且随着生活水平越来越高,人们对优质农产品的需求快速提升。

农村地区经济发展落后、基础设施不完善等因素,导致我国农产品流通受阻、成本居高不下。探索农产品 B2C 电商模式,有助于打破农产品销售困境,为广大农户创造更多收入,同时也可以满足消费者对高品质农产品的消费需求。

为了更好地推进农产品流通,各地都在积极探索农产品 B2C 电商模式,例如厦门地区出现了"土巴巴"平台,浙江地区出现了"E 农网",上海地区出现了"菜管家",更有覆盖全国大部分城市的综合型农产品电商平台惠农网等。当然,目前,这些电商平台正处于探索阶段,和已经成熟的京东、淘宝、天猫等存在较大差距。

农业信息化发展落后,是我国农产品 B2C 电商发展的一大阻力。农产品电商平台更多的是提供信息服务,为供需双方搭建对接平台,并未实现真正意义上的产销无缝对接。与此同时,由于各地区经济发展不平衡,部分地区尚未开始探索农产品 B2C 电商模式。

(二)电商平台如何布局农业市场

从农业企业的角度看,选择覆盖广度还是覆盖深度并没有对错之分,更多的是根据自身的情况做出的选择。当企业在人才及资源方面的积累不足时,选择提高覆盖深度会更具优势,可以让企业通过在细分领域的精耕细作积累资源及经验,为日后扩大市场份额奠定基础。如果是阿里巴巴、京东这类行业巨头,在海量资金的支持下,完全可以先提高市场份额,扩大覆盖广度。

本地化问题也应该得到农村电商从业者的高度重视。与城市相比,农村比较闭塞、偏向保守,会给新流通体系的打造及电商平台的发展带来明显阻力,农村的产业结构、配套设施及环境氛围等对电商并不友好。

外来电商和当地传统企业之间需要协同配合,不能为了发展农村电商忽略当地传统企业的利益诉求。这些传统企业虽然经营模式相对落后,但它们对农产品及农村市场有着深入的了解,是推进农村电商乃至农村经济发展的重要驱动力。外来电商应该加强与它们的交流合作,帮助其实现网络化、信息化转型,提高产品流通效率,降低经营成本。如果不能做到这一点,很容易让电商企业与当地传统企业产生矛盾和冲突,而后者往往掌握着农产品渠道资源,并且对当地就业有较大影响,电商企业与之交恶绝非明智之举。

从农村电商产业的长期发展来看,本地化也是必然选择,将城市的电商发展经验直接复制到农村显然并不合适。目前,部分地区出现了值得借鉴的电商企业本地化的案例,例如贵州仁怀的一批村淘合伙人共同创建电商公司,借助淘宝、微信等渠道销售当地的特色农产品,不仅提高了村淘合伙人的收入水平,帮助部分未能满足村淘合伙人条件的创业者成功就业,而且提高了当地农产品的销量与溢价能力。

要想推动农村电商产业走向成熟,需要包括监管部门、地方政府、创业者及企业在内的诸多参与主体的协调配合。农村市场的复杂性决定了未来会存在多种农村电商模式共存的局面,除了上述几大农村电商模式以外,必然还会出现更多新模式。而且由于农村电商市场的潜在价值巨大,会吸引更多玩家参与进来,从而使农村电商市场的格局变得越发复杂,给各参与主体之间的协调配合带来极大的挑战。

巨头的加入会对农村电商基础设施建设与用户习惯培养等产生积极影响,与此同时市场竞争也变得更为激烈。在巨头布局尚未完善的短暂窗口期,创业者与企业需要做好三个方面的工作:其一,根据自身的发展情况,明确现阶段是选择覆盖广度还是覆盖深度;其二,与当地传统企业合作,实现本土化经营;其三,从农村电商产业长期发展角度出发,增强自身与各参与主体的交流与合作。

二、加强特色农产品品牌建设

我国是一个农业大国和人口大国,农业关系到 14 亿人口的生存和发展问题,对我国整体经济发展和社会安定和谐有着重要影响。随着中国特色社会主义建设进入新阶段,我国农业发展面临着很多新的问题和挑战:农业主要矛盾从总量不足转变为供给侧的结构性矛盾——部分农产品产能过剩、优质农产品供给不足、农产品市场"三量齐增"等。

因此,农业供给侧结构性改革成为当前乃至今后一段时期我国"三农"工作的主线,是供给侧结构性改革的重要内容,也是建设具有可持续发展能力与国际竞争力的现代化农业的必然路径。

从国际农业发展经验看,实施农业品牌战略是改变我国农业在国际产业链中的低端位置、提高农业整体竞争力、建设农业强国的必然选择。例如,法国能够成为欧盟最大的农业生产国和全球第二大农业出口国的一个关键原因,是其高度重视农业品牌建设,依托本国的农业比较优势积极打造特色农产品品牌,并建立了完善的知识产权保护体系为农业品牌建设保驾护航。借助众多特色农产品品牌,法国农产品逐渐在全球市场中获得良好的口碑,受到消费者的信任,成为高标准、高品质农产品的代表,在全球农业市场中建立起独特的竞争优势。

随着我国对外开放水平不断提升以及全球经济一体化日益加深,我国农业发展面临着更加严峻的国际竞争,需要通过品牌建设打造一批具有国际竞争力的特色农产品品牌,改变我国农业在全球产业链中的不利地位,加快推动农业现代化转型升级。

从国内农业发展状况看,推进农业品牌建设是充分挖掘和发挥不同地区农业发展优势、构建区域特色农业的主要方式。

我国地域广阔,不同地区的农业发展环境和基础有很大差异,农业发展区域失衡严重。不过,农业品牌建设较好的地区大多也是农业现代化水平较高的地区。从这个角度看,涉及生产、市场等多个环节的农业品牌建设,是优化农业产业结构、打造区域特色农业、实现农业产业化和现代化发展的重要推动力。

习近平总书记指出,我国农业发展要走品牌化道路,要通过有机整合各地独特的自然生态环境、种植养殖方式和人文历史等要素,打造地区性、全国性乃至世界性的农产品品牌,以品牌化带动产业化和现代化,使农业品牌建设成为推动地区经济可持续发展的重要力量。

三、建立绿色农产品流通体系

移动互联网时代,成本高、效率低下的农产品物流环节开始迎来重大变革。此前,由于物流环节存在的诸多问题,农产品流通受阻。由于流通效率低,农产品不但出现了大量损耗,而且难以保持新鲜度,在影响农户收入的同时,也导致人们难以购买到优质低价的农产品。在这种情况下,解决物流问题成了发展绿色农业的一项重要课题。

绿色农产品指的是在绿色可持续发展的主流趋势下,采用特定方式组织生产、流通,经过专业机构严格检测及鉴定,满足人们日益增长的食品安全需求的农产品的总称。绿色农产品物流涉及原材料、加工品及最终成品的仓储及配送,对农产品流通进行系统化、精细化的全面管理及控制。

绿色农产品更加强调产品品质、节能、环保、可持续,对施肥用药、流通渠道、产品包装等有严格规定,从而使其成本明显高于普通农产品,产能也受到极大的限制,在市场竞争中处于不利地位。

从绿色农产品的成本构成看,物流成本在其中占据了较大的比重,所以通过对物流环节进行严格控制,降低物流成本,提高物流效率,为消费者提供更大的让利空间,探索真正适合我国绿色农产品发展的物流模式,将有效促进绿色农产品的推广普及,造福亿万民众。

不难发现,绿色农产品物流涉及的环节众多,但最终只有交付到用户手中才能完成价值变现。所以,现阶段相关企业可以从销售环节入手来探索农产品的物流模式。从本质上看,销售物流是指企业以盈利为目的,为将产品销售给消费者而进行的物流活动。在这个过程中,产品所有权从企业转移到消费者。具体来看,制定科学合理的绿色农产品销售物流策略需要从以下几个方面着手。

(一)包装策略

绿色农产品包装不仅要满足给消费者带来较强冲击力、便于营销推广的要求,而且要符合健康、环保等绿色要求。绿色农产品不能采用普通农产品普遍使用的简装及散装模式,需要对包装材料和包装方式进行严格限制,如表 9-2 所示。

表 9-2　绿色农产品的包装策略

	具体策略
包装材料的选择	从物流运输方面看,绿色农产品包装不仅限于成品包装方面,还包括产品运输包装,要基于产品特性、销售方式及消费方式选择合适的包装材料,降低绿色农产品在流通环节受到污染的可能性。包装材料以绿色环保材料为主,并且要考虑包装成本,避免过度包装
包装方式的选择	在包装方式选择方面,企业应该针对不同种类的绿色农产品采用差异化的包装方式,在彰显绿色农产品特色的同时,也要保障绿色农产品的品质。例如,蔬菜等对新鲜度要求较高且容易变质的绿色农产品,应该以小包装方式为主;而核桃、杏仁等不易变质且对包装要求较低的绿色农产品,应该以大包装方式为主。这样在充分满足广大民众品质生活需求的同时,又能够有效控制包装成本

(二)运输策略

制定绿色农产品运输策略,关键在于提高农产品流通效率,降低流通成本。在这方面,运输方式和运输路线的选择尤为关键,如表9-3所示。

表9-3　绿色农产品的运输策略

	具体策略
选择合适的运输方式	目前,国内主要的运输方式包括公路运输、铁路运输、水运运输、航空运输及管道运输,而管道运输在农产品流通中应用极少,几乎不用考虑。选择绿色农产品运输方式时,应该对运输成本、农产品特性及运输方式特性等因素进行综合考量。例如价值较高且对新鲜度要求较高的海鲜类产品比较适合航空运输;容易腐烂、价值一般的绿色农产品可以使用公路运输,并结合冷链物流技术确保产品品质;存储时间较长的绿色农产品可以使用成本较低的铁路及水运运输。当然,农产品实际运输过程中并非仅采用单一的运输方式,而是多种运输方式相结合
快捷便利的运输路线	我国政府为了提高农户收入、推广绿色农产品,出台了一系列农产品运输的利好政策,地方政府为了扶持当地农业发展,也积极出台相关政策,为绿色农产品流通开辟"绿色通道"。所以在为绿色农产品选择配送路线时,需要充分利用这些利好政策,在降低运输成本的同时,将优质的绿色农产品快速高效地交付到广大消费者手中

(三)配送策略

绿色农产品配送指的是在一定区域内,根据用户的个性化需求,对产品进行分拣、加工、打包等,并在规定时间内将农产品运输到消费者指定位置的物流活动。企业在制定绿色农产品配送策略时要重点考虑配送中心规划、配送成本等因素,如表9-4所示。

表 9-4 绿色农产品的配送策略

	具体策略
配送中心的选择	绿色农产品消费和目标用户的饮食文化、经济发展水平等存在密切关联，所以，不同地区的绿色农产品销量和品类存在一定的差异。这就需要绿色农产品企业结合各地区的销售情况建立配送中心，以便更加高效、低成本地将绿色农产品送到用户手中。建立智能化的仓配管理系统，是充分发挥配送中心价值的关键。企业可以利用仓配管理系统对各地区的用户数据进行分析，预测未来一段时间的绿色农产品销售情况，将不同种类、不同数量的绿色农产品运送到各个配送中心，当用户下单时可以将产品快速送到用户手中，在提高顾客满意度的同时，还能降低配送成本
对配送成本问题的考虑	配送成本会给农产品成本带来较大影响，所以绿色农产品企业应该尽可能地控制配送成本。众所周知，配送环节会直接影响用户体验，如果为了控制配送成本，影响了配送时效，可能会给用户体验带来较大的负面影响。从诸多实践案例来看，更为可行的方案是，绿色农产品企业为消费者提供多元化的配送选择，标明每种配送方式需要的时间、价格等，让用户根据需要自行选择

四、推进农产品电商的发展对策

在"互联网+"环境下，发展农产品电商是必然趋势。为了推动农产品电商更好地发展，可以采取以下三大策略。

(一)划片分区，以产区为中心辐射周围地区，促进产业化经营

要想充分保障农产品质量，减少营养成分流失，应该尽可能缩短与农产品产地的距离。即便最先进的冷链运输模式，也会因为运输路程较长影响产品品质。例如，7号生活馆借助订单农业、土地流转等方式，建立了规模庞大的农产品生产基地，利用冷链物流技术，依托农产品生产基地满足周边消费者的购买需求。

我国幅员辽阔、气候多样,拥有三江平原、松嫩平原、华北平原、渭河平原、江汉平原、鄱阳湖平原、洞庭湖平原等多个优质农产品产区,所以在探索农产品B2C电商模式的过程中,可以依托这些优质农产品产区发展区域农产品电商,将分散在农户手中的土地通过土地流转等方式进行整合,实现规模化生产及产业化经营。

（二）发展初期,用特色手段和优势吸引客户体验和尝试

现阶段,农产品电商模式尚未在国内实现大规模推广普及,而且多年的生活经历使很多消费者养成了线下购买农产品的习惯,再加上担心食品安全,部分民众并不愿意线上购买农产品。所以在消费习惯培养方面,相关企业还需要投入更多的资源与精力,在发展初期,需要用更高的服务品质及优惠的价格引导消费者转变思维模式,更积极地网购农产品。

（三）推行产供销对接的运作模式

目前,大部分农产品电商平台普遍采用轻量化运营模式,只为用户提供农产品信息服务,对农产品销售产生了一定的积极影响,但没有让生产、仓储、销售、物流实现无缝对接,无法使农产品B2C电商模式的优势得到充分发挥。

未来,要想提高农产品质量与流通效率,降低流通成本,探索出真正适合我国的农产品B2C电商模式,必须实现生产、供应及销售环节无缝对接,强化农产品供应链管理能力,降低成本,为消费者提供更广阔的让利空间。

农产品电商能够充分发挥互联网实时传递信息方面的价值,提高农产品销售效率,促使供需实现平衡。对我国农产品电商来说,由于一二线城市的交通、信息通信网络等基础设施较为完善,更有利于农产品B2C电商模式快速落地,可以选择一些发展效果好的企业将其打造为行业标杆,充分发挥其示范作用,让农产品B2C电商模式在全国也得到推广应用。

第三节　平台经济:基于乡村振兴的县域电商

近几年,在国家政策的支持下,我国农村电商快速发展。据不完全统计,2015 年至今,我国出台的国家文件中与农村电商相关的文件超过了 20 份,各地方政府出台的扶持农村电商发展的政策更是不计其数。而模式问题向来是一个行业发展的重中之重,那么,对于我国的农村电商而言,又应该采取何种模式发展呢?

目前,除了阿里巴巴、京东等电商巨头积极布局农村电商市场外,赶街、淘实惠、乐村淘等创业公司也在加快布局。目前,我国农村电商服务网点已经超过了 25 万个。此外,中国邮政、中国供销集团等国有企业也提出了农村电商发展战略。

不难发现,我国农村电商玩家众多,行业格局十分复杂,由于掌握的资源、发展状况、体制机制等方面的差异,各路玩家在实践过程中会采用不同的发展模式,在此对比较典型的京东、农村淘宝、淘实惠四种模式进行深入分析,为广大创业者及企业提供借鉴。

一、京东:双线发展、渠道下沉

双线发展、渠道下沉是对京东农村电商模式很好的总结。双线发展是基于京东县级服务中心与京东帮服务站开辟农村市场,前者主要采用自营模式,是对原有京东配送站的改造升级,可以提供不包括大家电在内的产品营销、配送及展示服务,并招募、培训京东乡村推广员;后者主要采用加盟合作模式,对京东平台中的大家电产品进行营销、配送及提供售后服务等。

渠道下沉战略的提出主要是为了应对城市电商市场渐趋饱和、引流成本不断上涨的问题,而切入农村电商这一新蓝海。得益于大量自营商品所带来的成本及正品保障优势,京东利用县级服务中心与京东帮服务站使广大农民享受到城市中的优质工业品。

对于农产品上行，京东主要通过众筹、打造区域农特产品购物节等方式进行。例如，京东在海南省文昌市包下了超过 2000 亩荔枝园，通过空运方式在 48 小时内为用户送货上门，虽然运输成本的提高导致产品价格相对较高，但极高的产品品质同样赢得了大量用户的认可。

和阿里巴巴的农村淘宝模式相比，京东农村电商模式是借助其自营产品及配送网络的支持，在农村市场打造正品保障、高效配送的品牌形象，从而抢占农村市场。京东帮服务站能够为京东整合各地的优质服务商，打造覆盖广大农村市场的电商生态，为农村用户提供完善的售后服务。

不过京东农村电商模式在农产品上行方面仍存在较大的改善空间，虽然京东通过和地方政府合作举办购物节来帮助各县域销售特色农产品，但面对庞大的农产品销售需求，这无异于杯水车薪。未来，京东应该充分发挥自营集中采购的成本优势，助力农村的优质农产品销往各大城市。

二、阿里巴巴：村淘合伙人运营模式

阿里巴巴在宣布启动千县万村计划后，逐渐探索出了农村淘宝模式，这种模式和早期的遂昌模式十分类似。农村淘宝模式的逻辑在于：阿里巴巴与各地方政府合作，在县域层面打造公共服务中心，在村级层面打造农村淘宝服务站点。

阿里巴巴在县域服务中心安排专业人员负责对村淘合伙人进行考核、管理区域内的农村淘宝、进行业务拓展等，当地政府提供场地、培训、资金、推广等方面的支持。农村淘宝服务站点提供线上代买及代卖服务，并收发快递，利润来源主要是从每笔成交的订单中抽取提成。此外，村淘合伙人可以在线上销售当地特色农产品。

从本质上看，将淘宝平台推广至农村市场是阿里巴巴农村电商模式的核心。为了布局农村电商，阿里巴巴内部成立了农村淘宝事业部，该部门在国内各个地区和地方政府展开合作，招募并培训村淘合伙人。

农村淘宝的战略目标十分明确，背靠阿里巴巴完善的电商生态，利用具有强大影响力的淘宝及天猫平台促进农村优质农产品及城市工业品在全国范围内高效流通。但在实践过程中,农村淘宝模式却遇到了一系列问题。

阿里巴巴的淘宝、天猫两大电商平台在城市深耕多年,已经具有相当完善的生态体系,但想要将其植入农村市场绝非易事,会面临三个方面的问题,如表9—5所示。

表9—5 阿里巴巴农村淘宝模式面临的三大问题

问题	具体表现
冲击现有农村市场,使农村本地商家陷入生存危机	农村本地商家在资源方面明显处于劣势,淘宝及天猫只需要采用价格战就能将其拖垮,这显然不是地方政府及民众想要的结果
农村现有的线下流通体系被破坏,进一步扩大城乡发展差异	农村现有的线下流通体系在电商平台的影响下被严重破坏,线下交易被转移至线上,本来规模就相对有限的税收及GDP大幅度外流,进一步扩大了城乡发展差异。部分业内人士曾表示,借助电商平台的强烈冲击,能够进一步加快农村产业结构的改造升级,但这种方式未免太过暴力,在转型期内农民的经济收入及生活水平会明显下滑,很容易加剧农村与城市之间的矛盾与冲突
盈利模式不完善,村淘合伙人很难生存	县域公共服务中心与村淘合伙人很难在短期内建立完善的农产品流通渠道,在部分落后、闭塞的农村,村淘合伙人通过抽取订单佣金获利的模式很难维持生存。部分村淘合伙人在社交媒体平台上分享的内容,也证明了农村淘宝发展状况远没有外界想象中美好

虽然阿里巴巴的农村淘宝模式存在一系列问题,但阿里巴巴在农村地区进行的电商基础设施建设、开展的营销推广,对我国农村电商的发展产生了强大的推力作用,为创业者及企业切入农村电商市场打下了坚实的基础。

三、淘实惠:打造综合电商生态

淘实惠模式的逻辑是将每一个县域打造成电商服务中心,整合县域内的人才、数据等资源打造县域内部的自循环生态系统,然后通过外部生态将各个县域生态系统连接起来,创建一个覆盖全国的综合生态系统。

各县域的淘实惠公司和淘实惠总部是战略合作伙伴,前者利用总部提供的信息系统及平台资源拓展当地市场,开辟村级网点,并对相关人员进行培训,各个公司保持独立经营;后者主要是对信息系统进行开发、进行业务指导、招募并培训县域合伙人,并为各县域淘实惠公司提供信息服务。

淘实惠会在各个县域打造本地化的电商平台,基于当地农产品流通体系构建电商生态系统,推动当地产业结构转型升级,对县域内部的需求及供给进行对接。不难发现,淘实惠模式的县域电商生态系统采用去中心化的方式高效配置县域内的资源,县域合伙人在各自区域内拥有极高的决策权,自主管理仓储物流基础设施建设、村级网点拓展等。

淘实惠生态系统是由多个自主决策的自我协作体构成的,从实际发展情况看,这些自我协作体主要是县域内的传统商贸流通企业,它们在多年的发展过程中积累了丰富的经验与足够的资源,并不像村淘合伙人那样对平台有较大的依赖。除了将相关数据在淘实惠总部进行整合,各县域的淘实惠公司之间并没有一个统一的控制中心,它们在各自区域内自主管理及运营。

淘实惠以战略合作的方式,通过招募县域合作伙伴使全国各个县域所拥有的信息、商品、资金等资源实现高效流通,并利用淘实惠平台覆盖全国的电商生态系统,将各县域内的优质特色农产品销往各大城市。更关键的是,各个县域的电商系统可以通过淘实惠总部无缝对接,最终形成一个覆盖全国的流通市场。

作为一家农村电商领域的创业公司,淘实惠目前的业务结构正处于不断完善阶段。从淘实惠官方公布的数据看,其电商生态系统的县域内部交易规模占比为 60%,各县域之间的交易规模占比为 30%,总部与县域之间的交易规模占比为 10%。

淘实惠模式具有明显的本地化特征,它借助位于全国各个县域的淘实惠公司为当地民众提供优质的电商服务,促进当地产业结构转型升级,有效提高了资源利用率及流通效率,无论是优秀人才还是 GDP 都留在了各个县域。当然,由于淘实惠总部赋予了各县域淘实惠公司较大的自主经营权,也给电商生态系统内部的协调配合与利益分配带来了较大的挑战。

四、重庆市秀山县的农业电商实践

重庆市秀山土家族苗族自治县(以下简称"秀山县")成立于 1983 年,地处渝、湘、黔、鄂四省交界地带,位于武陵山区腹地,总面积 2462 平方公里,覆盖了 3 个街道、24 个乡镇,总人口 66 万,拥有苗族、土家族等 17 个少数民族,少数民族在总人口中的比重为 51.8%。近年来,在秀山县政府的带领下,当地经济快速发展,于 2017 年 11 月由省级政府批准退出贫困县。

秀山县积极探索"互联网+"模式,大力发展农村电商,为提高农民收入水平、促进当地经济发展提供了广阔的机遇。在农村电商助力下,当地的优质茶叶、土鸡、白术、金银花等农特产品销往全国各地,在为农户创收的同时,也有效提高了秀山县的知名度与影响力。作为国内农村电商探索实践的典型代表,秀山县通过打造完善的电商平台体系及电商服务体系,有效提高了生产要素的配置水平,享受到了农村电商发展的巨大红利。

参考文献

[1]金涌,胡山鹰,张强. 2060 中国碳中和[M]. 北京:化学工业出版社,2022.09.

[2]刘强,袁铨. 碳中和产业路线[M]. 北京:社会科学文献出版社,2022.01.

[3]宋俊,姚兴佳. 碳中和与低碳能源[M]. 北京:机械工业出版社,2022.09.

[4]熊焰,王彬,邢杰. 元宇宙与碳中和[M]. 北京:中国对外翻译出版公司,2022.04.

[5]刘琪. 智慧能源与碳中和[M]. 西安:西安电子科技大学出版社,2021.05.

[6]张燕龙,刘畅,刘洋. 碳达峰与碳中和实施指南[M]. 北京:化学工业出版社,2021.10.

[7]沈亚东. 碳中和 全球变暖引发的时尚革命[M]. 上海:上海科学技术教育出版社,2021.06.

[8]庄贵阳,周宏春. 碳达峰碳中和的中国之道[M]. 北京:中国财政经济出版社,2021.12.

[9]安永碳中和课题组. 一本书读懂碳中和[M]. 北京:机械工业出版社,2021.08.

[10]全球能源互联网发展合作组织. 中国 2060 年前碳中和研究报告[M]. 中国电力出版社有限责任公司,2021.06.

[11]王广宇. 零碳金融 碳中和的发展转型[M]. 北京:中国对外翻译出版公司,2021.10.

[12]经济学家圈. 碳中和的逻辑 20 位国内外一线专家深度解读碳中和

[M].北京:中国经济出版社,2021.08.

[13]翟桂英,王树堂,崔永丽,等.碳达峰与碳中和国际经验研究[M].北京:中国环境出版有限责任公司,2021.07.

[14]梁俊强.建筑领域碳达峰碳中和实施路径研究[M].北京:中国建筑工业出版社,2021.09.

[15]国网能源研究院有限公司.全球能源分析与展望2020[M].北京:中国电力出版社,2020.11.

[16]李泓江,田江.碳中和的政策与实践[M].成都:四川人民出版社,2021.10.

[17]杨燕青,程光.碳中和经济分析 周小川有关论述汇编[M].北京:中国金融出版社,2021.05.

[18]杨建初,刘亚迪,刘玉莉.碳达峰、碳中和知识解读[M].北京:中信出版集团股份有限公司,2021.10.

[19]中国社会科学院数量经济与技术经济研究所"能源转型与能源安全研究"课题组.中国能源转型走向碳中和[M].北京:社会科学文献出版社·经济与管理分社,2021.

[20]国家电力投资集团有限公司,中国国际经济交流中心.中国碳达峰碳中和进展报告2021[M].北京:社会科学文献出版社,2021.12.

[21]李阳.碳中和与碳捕集利用封存技术进展[M].北京:中国石化出版社,2021.09.

[22]蒋尉.通往碳中和 城市低碳建设的非技术创新[M].北京:中国社会科学出版社,2021.03.

[23]汪军.碳中和时代 未来40年财富大转移[M].北京:电子工业出版社,2021.10.

[24]刘翔.碳减排政策选择及评估[M].知识产权出版社有限责任公司,2021.06.

[25]红将,庞柴.治碳有方[M].北京:科学普及出版社,2021.12.

[26]曹淑艳.净零碳排放 中国农村能源利用的未来蓝图[M].北京:化学工业出版社,2017.08.